化学工业出版社"十四五"普通高等教育本科规划教材

Instrumental Analysis Experiment

仪器分析实验

张　英　主编

钟俊波　程　琴　林琪宇　副主编

U0243908

化学工业出版社

·北京·

内容简介

《仪器分析实验》深度对接行业、企业标准，分别选取食品、药品、化妆品、土壤、水体、血液、化工产品等样品，共编排具有代表性的实验项目 42 个，其中综合性实验 33 个，设计性和创新性实验 9 个。本书实验技术包括紫外-可见分光光度法、红外吸收光谱法、分子荧光光谱法、原子吸收光谱法、原子荧光光谱法、原子发射光谱法、电位分析法、极谱与伏安分析法、气相色谱法、高效液相色谱法、X 射线衍射法以及 GC-MS、HPLC-MS、ICP-MS 等仪器联用法，并引入电子资源拓展教学模式，内容丰富，可供不同专业不同层次使用者使用。

《仪器分析实验》可作为高等学校化学化工、环境科学、材料科学、生命科学、食品科学、农学和医药学等专业的重要基础课教材，也可供分析测试相关从业人员选用。

图书在版编目（CIP）数据

仪器分析实验/张英主编；钟俊波，程琴，林琪宇副主编.--北京：化学工业出版社，2024.10（2025.5 重印）.
（化学工业出版社"十四五"普通高等教育本科规划教材）.
ISBN 978-7-122-46336-4

Ⅰ.O657-33

中国国家版本馆 CIP 数据核字第 2024CB1972 号

责任编辑：刘志茹　汪　靓　宋林青　　装帧设计：史利平
责任校对：李雨函

出版发行：化学工业出版社
　　　　　（北京市东城区青年湖南街 13 号　邮政编码 100011）
印　　装：北京天宇星印刷厂
710mm×1000mm　1/16　印张 12½　字数 250 千字
2025 年 5 月北京第 1 版第 2 次印刷

购书咨询：010-64518888　　　售后服务：010-64518899
网　址：http://www.cip.com.cn
凡购买本书，如有缺损质量问题，本社销售中心负责调换。

定　价：29.80 元　　　　　　版权所有　违者必究

前　言

现代仪器分析是人类认识客观物质世界的重要手段，也是保障人民生命健康和产品安全的重要工具，在科学研究和生产实践中应用极为广泛。仪器分析实验是基于大型精密分析仪器的一门实践性较强的课程，是高等学校化学化工、环境科学、材料科学、生命科学、食品科学、农学和医药学等相关专业的重要基础课程之一，是仪器分析课程教学的重要环节。近年来，随着信息化手段和科学技术的快速发展、各类仪器更新升级和新仪器的使用，实验室资源发生了明显变化。同时，为提升人才培养的质量和适应性，紧跟产业发展趋势和行业人才需求，将行业、产业、企业发展的新技术、新工艺、新规范纳入仪器分析实验内容势在必行。

本书紧密结合社会发展需求和现代仪器分析新方法、新技术，深度对接行业、企业标准，既注重实际经验和技能的传授，突出实用性，又紧跟仪器分析领域发展前沿，面向未来。本书分别选取了食品、药品、化妆品、土壤、水体、血液、化工产品等样品，编排了具有代表性的实验项目共 42 个，其中综合性实验 33 个，设计性和创新性实验 9 个，包括紫外-可见分光光度法、红外吸收光谱法、分子荧光光谱法、原子吸收光谱法、原子荧光光谱法、原子发射光谱法、电位分析法、极谱与伏安分析法、气相色谱法、高效液相色谱法、X 射线衍射法以及 GC-MS、HPLC-MS、ICP-MS 等仪器联用法，扼要介绍了各类仪器分析方法的基本原理和特点，详述实验步骤和注意事项，并引入电子资源拓展教学模式，内容丰富，实用性和可操作性强，可供不同专业和不同层次的使用者选用。本书编写过程中参考了国内外优秀的仪器分析实验教材和大量的文献资料。在附录部分，列出了一些其他的仪器分析实验项目标题，感兴趣的读者可通过其他途径查阅相关内容。希望本书的出版有助于一线分析检测人员和高等院校相关专业的学生更好地掌握实验原理和仪器操作技能，提高运用仪器分析解决实际问题的能力，适应社会发展的需要，为工作及科学研究打下良好的基础。

本书由四川轻化工大学、通标标准技术服务（重庆）有限公司和自贡检测检验院等长期从事仪器分析实验教学科研和仪器分析检测工作的一线教师和技术骨干共同编写。编写人员有四川轻化工大学张英（第一章、第二章第一节至第三节、第三章、第四章、第六章）、四川轻化工大学钟俊波（第五章第一节和第二节、附录）、通标标准技术服务（重庆）有限公司程琴（第五章第三节）、自贡检测检验院林琪宇（第二章第四节）。全书由四川轻化工大学张英负责统稿和校正。四川轻化工大学化学与环境工程学院王涛、任旺、窦琳、王军、徐斌等老师以及通标标准技术服务（重庆）有限公司高级技术经理何晓燕对本书的编写提出了许多宝贵的意见。本书的编写得到了四川轻化工大学教改项目和产教融合项目教材出版基金的资助。在此，一并对以上个人和单位致以衷心的感谢。

　　限于编者水平和经验，书中难免存在疏漏和不足之处，恳请各位专家和读者批评指正。

编者

2024 年 5 月

目　　录

第一章　仪器分析实验基础知识 ………………………………………………… 1

第一节　仪器分析实验基本要求 ………………………………………………… 1

第二节　分析试样的前处理技术 ………………………………………………… 2

第三节　实验数据的记录和处理 ………………………………………………… 6

第二章　光谱分析实验 …………………………………………………………… 8

第一节　紫外-可见分光光度法 ………………………………………………… 8

实验 1　茶叶中咖啡因含量的测定 …………………………………………… 14

实验 2　紫外分光光度法同时测定维生素 C 和维生素 E …………………… 16

实验 3　邻菲咯啉分光光度法测定微量铁 …………………………………… 19

实验 4　分光光度法测定食品中亚硝酸盐含量 ……………………………… 23

实验 5　芳香族化合物紫外吸收光谱测定及溶剂效应 ……………………… 27

第二节　红外吸收光谱法 ……………………………………………………… 30

实验 6　常见有机化合物的红外光谱测定及谱图分析 ……………………… 34

实验 7　未知有机化合物的红外光谱测定及谱图解析 ……………………… 39

第三节　分子荧光光谱法 ……………………………………………………… 40

实验 8　分子荧光光谱法测定阿司匹林片中乙酰水杨酸和水杨酸含量 …… 43

实验 9　分子荧光光谱法测定复合维生素 B 片中维生素 B_2 含量 ………… 46

实验 10　基于化学反应选择性荧光检测微量间苯二酚 ……………………… 50

第四节　原子光谱法 …………………………………………………………… 54

实验 11　火焰原子吸收光谱法测定牛奶中的钙含量 ………………………… 59

实验 12　石墨炉原子吸收光谱法测定血清中铬含量 ………………………… 64

实验 13　电感耦合等离子体-原子发射光谱法测定葡萄酒中多种无机

元素 …………………………………………………………………… 68

实验 14　原子荧光光谱法测定染料产品中的砷、汞、锑 …………………… 72

第三章　电化学分析实验 ………………………………………………………… 76

实验 15　直接电位法测定碳酸饮料和皮蛋的 pH 值 ………………………… 78

实验 16　离子选择性电极测定牙膏中氟离子含量 …………………………… 82

实验 17　自动电位滴定法测定酱油总酸量 …………………………………… 85

实验 18　单扫描示波极谱法测定自来水中铅含量 …………………………… 88

实验 19　铋膜电极阳极溶出伏安法测定土壤中锌、铅、镉含量 …………… 91

实验 20　聚咖啡酸修饰电极同时测定抗坏血酸和多巴胺含量 ……………… 96

实验 21　金膜电极的制备及循环伏安法测定铁氰化钾电极

　　　　　反应过程 ……………………………………………………… 99

第四章　色谱分离分析实验 ……………………………………………… 103

　第一节　气相色谱法 …………………………………………………… 109

　　实验 22　气相色谱法分离芳烃类化合物 ……………………………… 111

　　实验 23　气相色谱法测定含酚废水中的苯酚含量 …………………… 115

　　实验 24　气相色谱法测定白酒中的醇系物含量 ……………………… 117

　第二节　高效液相色谱法 ……………………………………………… 119

　　实验 25　高效液相色谱法测定食品中防腐剂含量 …………………… 122

　　实验 26　高效液相色谱法测定指画颜料中三氯生和三氯卡班含量 … 124

第五章　其他仪器分析和仪器联用分析实验 …………………………… 128

　第一节　X 射线粉末衍射法 …………………………………………… 128

　　实验 27　X 射线粉末衍射法进行物相分析 …………………………… 130

　第二节　质谱法及其联用技术 ………………………………………… 134

　　实验 28　电感耦合等离子体-质谱法检测食品中铅、镉、铬、汞、

　　　　　砷含量 ………………………………………………………… 137

　第三节　色谱-质谱联用技术 …………………………………………… 142

　　实验 29　气相色谱-串联质谱法测定植物源食品中有机磷、氨基甲酸酯

　　　　　类农药残留量 ………………………………………………… 145

　　实验 30　高效液相色谱-串联质谱法检测食品中的甜味剂含量 ……… 150

　　实验 31　高效液相色谱-串联质谱法检测原料乳与乳制品中三聚氰胺

　　　　　含量 ………………………………………………………… 158

　　实验 32　高效液相色谱-串联质谱法测定食品中四环素类药物残留量 … 163

　　实验 33　高效液相色谱-串联质谱法测定塑料中持久性有机污染物 … 170

第六章　设计性和创新性实验 …………………………………………… 174

　　实验 34　复方穿心莲片中穿心莲内酯成分鉴定及含量分析 ………… 175

　　实验 35　饮料中多种食品添加剂和维生素的检测 …………………… 177

　　实验 36　香菇中多糖、维生素和微量元素的提取和含量分析 ……… 178

　　实验 37　荧光金属纳米团簇/碳点的制备及微量/痕量过氧化氢的检测 … 179

　　实验 38　中药牡丹皮中丹皮酚的含量检测 …………………………… 180

　　实验 39　化妆品中限用或禁用物质的检测 …………………………… 181

　　实验 40　红辣椒中红色素的分离与测定 ……………………………… 182

　　实验 41　婴幼儿奶粉中微量元素分析 ………………………………… 183

　　实验 42　功能型 DNA 纳米材料的设计、制备、表征及传感检测应用 … 184

附录 ………………………………………………………………………… 185

参考文献 …………………………………………………………………… 193

第一章　仪器分析实验基础知识

第一节　仪器分析实验基本要求

为保障实验正常进行，避免实验事故，培养良好的实验作风和实验习惯，必须遵守下列守则：

① 实验前认真预习有关实验内容，观看视频，查找手册和相关资料，并撰写预习报告。通过预习，明确实验目的，掌握实验方法原理，熟悉实验内容、实验步骤及注意事项。未预习者不得进行实验。

② 认真阅读"实验室安全制度"和"学生实验守则"，遵守实验室的各项规章制度。了解消防设施和安全通道的位置。树立环境保护意识，尽量降低化学物质（特别是有毒有害试剂以及洗液、洗衣粉等）的消耗。

③ 每次实验不得迟到，迟到超过 15 分钟取消此次实验资格。因病、因事缺席，须请假。

④ 实验教师应提前 15 分钟进入实验室，检查实验仪器设备。实验过程中，不得擅自离开实验室。注意巡视观察，认真辅导，随时纠正不规范的操作。

⑤ 爱护仪器设备，对不熟悉的仪器设备应先仔细阅读仪器的操作规程，学生应在实验教师的指导下开启或使用实验仪器，严格按照仪器分析教程和仪器操作说明书操作，未经允许不可随意动手，以防损坏仪器。若出现意外，应及时告知实验教师，听从教师指导。

⑥ 实验过程中要集中精力，认真操作，仔细观察实验现象，周密思考。在实验数据记录本上如实、及时、准确地记录原始数据，不得涂改原始实验数据。记录本应预先编好页码，不应撕毁其中的任何一页。若数据记录有误，可将错误的数据标示出并注明原因，将正确的数据记在旁边。所记录原始数据的有效数字应与使用的仪器精度一致。

⑦ 保持实验室内安静、实验台面清洁整齐，所有废弃的固体物应丢入废物缸，不得丢入水槽，以免堵塞下水道。爱护仪器和公共设施，培养良好的公德文明行为。实验结束后经指导教师检查合格后方可离开实验室。

⑧ 实验报告一般应包括以下内容：班级、姓名、学号；实验项目、日期、实验地点；实验目的要求、主要实验仪器和试剂；实验基本方法原理及主要实验步骤；实验原始数据及结果处理（包括图、表、计算公式及实验结果）；注意事项、思考题、实验总结、心得体会及感受。

第二节　分析试样的前处理技术

仪器分析实验中的样品制备是为了获得科学、真实、有代表性的检测结果。样品的制备大致可分为样品的采集、存储及前处理。实际分析对象多种多样，有固体、液体和气体，试样的性质及均匀度也各不相同。从整批被检样品中抽取一定量具有代表性的样品是分析检验的基础。关于各类试样采集和存储的具体操作及要求，有关的国家标准或行业标准都有严格规定。

分析试样的前处理的目的是指通过提取浓缩、净化、衍生化等手段将样品处理成适合测定的待测溶液或待测形式，包括从样品中提取富集待测组分、去除干扰性杂质以及对待测组分衍生化（将无法被仪器分析的待测组分衍生转化成可被仪器分析的物质）等步骤。分析检测前样品前处理的好坏直接影响分析结果的可靠性和准确性。

一、常用的提取方法

目前，常用的提取方法基本上都是基于化合物的极性-溶解度或挥发性-蒸气压的理化特性而建立的，主要有溶剂提取法、固相提取法及强制挥发提取法。

1. 溶剂提取法

溶剂提取法是根据待测组分（或样品组分）在不同溶剂中的溶解性差异，选用对待测组分溶解度大的溶剂，通过捣碎、消化、振荡、回流、超声波提取、微波消解、索氏提取等方式将分析物从样品基质中提取出来的一种方法。溶剂提取法是最常用、最经典的有机物提取方法，具有操作简单，不需要特殊或昂贵的仪器设备，适应范围广等优点。选择合适的提取溶剂是溶剂提取法的关键，通常从以下三方面考虑：①溶剂的极性，遵循"相似相溶"原理。②溶剂的纯度，如有必要需重蒸馏净化。③溶剂的沸点，45~80 ℃为宜。沸点太低，容易挥发；而沸点太高，不利于提取液的浓缩。

微波消解制样是一种新兴而高效的样品预处理技术，具有快速、高效、节能、自动化程度高、分析效率和准确度高等优点，越来越多地应用于分析领域。微波消解技术利用微波能量来消解样品，在微波作用下，样品温度迅速升高，分子剧烈振动，引起样品分解。由于微波消解时产生的热量更加均匀，减少了样品的烧结和污染，提高了分析的准确性和可靠性。微波消解过程如下：选取适量样品放入微波消解仪消解罐中，向消解罐中添加适量的酸溶液，将消解罐密封放入微波消解仪中，选择合适的微波功率和加热时间进行微波加热。消解结束后，将消解容器从微波消解仪中取出，自然冷却至室温。将消解液转移至容量瓶中，加入适量溶剂稀释后进行分析。微波消解仪如图 1-1 所示。

2. 固相提取法

固相提取法是基于吸附剂作为固定相，再选择合适的溶剂为洗脱剂的一种液相色谱分离方法。基于吸附剂的选择性吸附或吸收特性对液体样品中待测物质进行提取和净化。固相提取可以是保留分析物于固定相中，然后用溶剂洗脱并收集分析物进行分析；也可以是保留样品中的杂质于固定相中，让分析物通过，然后收集分析物用于分析。可通过改变吸附剂的类型，调整样品和洗脱溶剂的类型、pH 值、离子强度和体积等来满足不同待测组分分离的需要。固相提取技术是取代"液-液提取"的新技术，具有提取、浓缩、净化同步进行的作用。这一技术具有操作简单、重复性好、节省溶剂、快速、适用性广、可自动化和易于现场处理等优点。目前主要用于水样中分析物的提取和食品中农药、兽药残留分析，尤其是对强极性分析物的提取效果较好。

图 1-1　微波消解仪
（配有聚四氟乙烯消解内罐）

固相提取现在使用较多的是商品化的固相提取小柱（图 1-2）或固相提取盘。它是由高强度和高纯度的聚乙烯或聚丙烯塑料制成，装有 100～2000 mg 吸附剂，形状各异，可自行套接使用和与注射器连接进行加压或减压操作。目前，市面上已有专用的 SPE 装置（图 1-3），用于加压或减压以及批量自动化处理。

图 1-2　固相提取小柱

图 1-3　固相提取仪

3. 强制挥发提取法

强制挥发提取法适用于易挥发物质，利用物质挥发性进行提取的方法。这样可以不使用溶剂，在挥发提取的同时去除挥发性低的杂质。吹扫捕集法和顶空提取法属于此类提取法。

（1）吹扫捕集法

主要用于样品中挥发性有机物的分析，具体操作步骤分为以下四步。

① 吹沸：在常温下，以氮气（或氦气）等惰性气体的气泡通过水样将挥发物带出来。

② 捕集：吹沸出来的挥发物被气流带至捕集管，被管中的吸附剂吸附、富集。

③ 解吸：经过瞬间加热使捕集管中的挥发物解吸，并用载气带出，直接送入气相色谱仪。

④ 气相色谱仪分析。

（2）顶空提取法

顶空提取法是与吹扫捕集法相类似的技术，但它适用于水样以及其他液态样品和固态样品，也可以直接与气相色谱仪连接进行分析。顶空制样法的主要操作步骤如下：

① 加热密封样品瓶，使顶空层分析物平衡；

② 通过注射器将载气压向样品瓶；

③ 断开载气，使瓶中顶空层气样流入气相色谱仪供分析。

二、常用的浓缩方法

一般情况下，从样品中提取出来的待测物质含量非常低，提取后的待测物质必须进行浓缩，使检测溶液中待测物达到分析仪器灵敏度以上的浓度，再做净化和检测。常用的浓缩方法有减压旋转蒸发法、K-D 浓缩法、氮气吹干法和冷冻干燥法。

（1）减压旋转蒸发法

利用旋转蒸发仪（见图 1-4）可以在较低温度下使大体积（50～500 mL）提取液得到快速浓缩，操作方便，但分析物容易损失，且样品还须转移、定容。旋转蒸发仪的原理是利用旋转浓缩瓶对浓缩液起搅拌作用，并在瓶壁上形成液膜，扩大蒸发面积，同时又通过减压使溶剂的沸点降低，从而达到高效率浓缩的目的。

（2）K-D 浓缩法

利用 K-D 浓缩器（见图 1-5）直接将样品浓缩到刻度管中的方法，适合于中等体积（10～50 mL）提取液的浓缩，其特点是可有效减少浓缩过程中的样品损失，且能直接定容测定，无须转移样品，但适合少量体积的样品，操作烦琐。

（3）氮气吹干法

氮气吹干法直接利用氮吹仪（见图 1-6）氮气气流轻缓吹沸提取液及提高水浴温度，以加速溶剂的蒸发速度来浓缩样品，能有效防止氧化反应，但只适合于小体积浓缩，且对于蒸气压较高的样品，比较容易造成损失。目前，在许多实验室都是联合固相提取柱一起使用，达到浓缩、净化的目的。

（4）冷冻干燥法

冷冻干燥是利用真空冷冻干燥机（见图 1-7）通过升华从冻结的生物样品中去掉水分或其他溶剂。传统的干燥会引起材料皱缩，破坏细胞。冷冻干燥不仅可以有效地抑制微生物的生长和繁殖，还能够保证样品中各成分生物和化学结构及其活性的稳定性和完整性，是生物和药物等样品理想的干燥和浓缩手段。

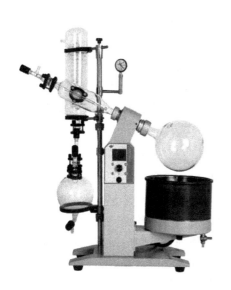

图 1-4　旋转蒸发仪

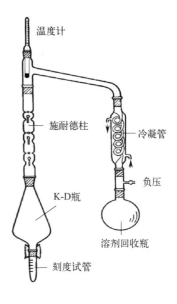

图 1-5　K-D 浓缩器

图 1-6　氮吹仪

图 1-7　真空冷冻干燥机

三、常用的净化方法

净化是消除检测背景噪声、降低检测限的有效方法。一般来说，检测限越低，要消除的干扰杂质就越多，净化要求越高。净化过程比较复杂，常常是多种方法结合使用。常用的净化方法有吹扫共馏法、沉淀净化法、化学消解法、液-液分配法、柱色谱法、凝胶渗透色谱法等。

第三节　实验数据的记录和处理

实验过程中应及时、准确、清楚、真实地记录各种数据，尽量采用表格的形式记录，使得数据记录清晰、有条理且不易遗漏。数据要正确反映测量结果的有效数字和不确定度，计算过程中的一些中间结果和最后结果也可以列入表中。进一步对实验数据进行分析处理时，通常包括绘制图形或表格、数理统计分析、拟合、计算分析结果等，从中获得实验结果和寻找物理量变化规律或经验公式，必要时应用简要文字说明。常用的数据处理方法有如下几种。

一、列表法

预习时，按照一定的形式和顺序合理设计表格，表格要加上必要的说明，表格中涉及的各物理量，其符号、单位及量值的数量级均要表示清楚。实验过程中直接将实验数据整理列入设计好的表格中。表格法是最基本的数据整理方法，是其他数据整理方法的基础。表格法可以简明清晰地表示物理量之间的对应关系，便于分析比较，也有助于检查和发现实验中的问题，这是列表法的优点。在同一条件下进行的多次实验表格法，不仅可以充分记录各次实验的原始数据，而且可以方便地计算和表示它们的代表值。

二、图示法

将实验数据各变量之间的变化规律绘制成图，简明直观地表达出实验数据间的变化规律。不仅可以直观地观察到极值、转折点、周期性、变化速度等有关变量的变化特征，还可以在一定条件下用内插和外推的方法，求出一般实验条件下难以求得的数据。例如，分光光度法中吸光度与浓度关系的曲线、电位测定法中电位与浓度关系的标准曲线均可以直接用来测定未知含量；电位滴定法则通过画出滴定曲线，从曲线上找到拐点来确定终点；气相色谱中利用图解积分法求峰面积；标准加入法中用外推作图法间接求分析结果。因此，正确地绘制图形是实验后数据处理的重要环节，必须十分重视作图的方法和技术。利用 Origin、Excel、SPSS、SAS、MATLAB、Python 等数据处理或统计软件可以十分方便地处理实验数据。

三、数学公式表达法

通常实验数据之间的变化符合一定规律，为了更好地描述过程或现象的自变量和因变量之间的关系，可以利用各种数学运算方法，如微分、积分、极值、周期、插值、平滑等进行数据预处理，并采用拟合或回归分析的手段求出回归方程来表达实验数据的内在变化规律。从相关变量中找出合适的数学方程式的过程称为回归，也称为拟合，得到的数学方程式也称为回归方程。在绝大多数仪器分析校正方法中最常用的是标准曲线法，即一元线性回归方程，基本数学形式为 $y = ax + b$，式中，y 表示由回归式计算出的值，a 和 b 为回归系数。只在少数情况下可能会用到抛物线或多项式数学校正模型。同时可以通过相关系数或方差分析进行数据相关性分析。相关系数 R 是说明两个变量之间线性关系的密切程度的一个数量性指标：当 $R=0$ 时，说明线性无关；当 $0.5<R<1$ 时，说明存在一定的线性关系（而 R 愈接近 1，线性关系愈密切）；当 $R=1$ 时，为确定的线性函数关系。另外，在 X 射线荧光光谱分析中，当涉及复杂基体效应校正时，可能会用到较为复杂的多变量数学模型和矩阵迭代运算。

第二章　光谱分析实验

　　光谱分析方法是一类重要和应用广泛的仪器分析方法，它是以物质发射的电磁波或物质与电磁波相互作用为基础，通过测定物质内部能级跃迁所产生的发射、吸收或散射光谱的波长和强度进行定性、定量和结构测定的分析方法。根据电磁辐射的本质，光谱分析法可分为吸收光谱法、发射光谱法和拉曼光谱法。按照产生光谱的基本微粒不同，光谱分析又可分为分子光谱和原子光谱。由于不同物质的原子和分子结构不同，产生的光谱特征不同，故可利用物质的特征光谱研究物质的结构，测定其化学成分或含量。

　　吸收光谱法是基于物质吸收电磁波发生特定能级的跃迁，根据其特征吸收光谱的波长和强度进行分析。根据吸收光谱所在光谱区不同，吸收光谱法可分为：穆斯堡尔光谱法、X射线吸收光谱法、原子吸收光谱法、紫外-可见吸收光谱法、红外吸收光谱法、核磁共振波谱法和顺磁共振波谱法等。

　　发射光谱法是基于物质吸收能量（热能、电能或光能）后，物质的分子、原子或离子受激发而发射光谱，根据其特征发射光谱的波长和强度进行分析。发射光谱法通常分为：X射线荧光光谱法、原子发射光谱法、原子荧光光谱法、分子荧光/磷光光谱法、化学发光分析法等。

第一节　紫外-可见分光光度法

　　紫外-可见分光光度法（UV-Vis）又称紫外-可见吸收光谱法，是利用物质对200～800 nm光谱区辐射的吸收特性而建立的分析方法，它广泛用于有机物和无机物的定性、定量和结构分析，以及配合物组成、酸碱解离常数的测定等。由于紫外光和可见光能量主要与物质分子或原子的价电子能级跃迁相匹配，物质选择性吸收紫外-可见光可导致价电子跃迁，故紫外-可见吸收光谱又称为电子光谱。就定性分析和结构分析而言，紫外光谱的吸收特征性不如红外光谱强，但在鉴定共轭发色基团时有独到之处。在元素定量检测方面，它的灵敏度虽然不及原子发射和原子吸收光谱，但仍是一种灵敏度较高的定量分析方法。由于紫外-可见分光光度法成本低、操作简便快速、准确度和灵敏度高，应用范围广，是分析人员最常用和最有效的检测手段之一。

一、紫外-可见吸收光谱推断有机化合物的结构

　　有机化合物的紫外-可见吸收光谱是三种电子、四种跃迁的结果：σ电子、π电

子、n 电子。当外层电子吸收紫外或可见辐射后，就从基态向激发态（反键轨道）跃迁。主要有四种跃迁，所需能量 ΔE 大小顺序为：$n \rightarrow \pi^* < \pi \rightarrow \pi^* < n \rightarrow \sigma^* < \sigma \rightarrow \sigma^*$。由 $n \rightarrow \pi^*$ 跃迁产生的吸收带称为 R 带，共轭体系的 $\pi \rightarrow \pi^*$ 跃迁产生的吸收带称为 K 带。K 带 ε_{max} 在 $10^4 L/(mol \cdot cm)$ 以上，随共轭体系的增大而发生红移。R 带 $\varepsilon_{max} < 10^3$（通常在 100 以下），随共轭体系的增大 R 带的变化不如 K 带明显。K 带在极性溶剂中发生红移，而 R 带在极性溶剂中发生蓝移。

如果化合物在 200～800 nm 无吸收峰，可推断未知物可能是饱和化合物、单烯。

如果化合物在 200～400 nm 内无吸收带，可推断未知物可能是饱和直链烃、脂环烃或只含一个双键的烯烃。

如果化合物只在 270～350 nm 内有弱吸收带[$\varepsilon = 10 \sim 100 L/(mol \cdot cm)$]，这是 R 吸收带的特征，则可推断未知物是一个简单的、非共轭的含有杂原子的双键化合物，如羰基、硝基等。

如果化合物在 200～250 nm 内有强吸收带[$\varepsilon \geqslant 10^4 L/(mol \cdot cm)$]，这是 K 吸收带的特征，则可推断未知物是含有共轭双键的化合物。如果在 260～300 nm 内有强吸收带，则表明该化合物中含有三个或三个以上的共轭双键。如果吸收带进入可见区，则该化合物可能是含有长共轭发色基团或是稠环化合物。

如果化合物在 250～300 nm 内有弱中等强度的吸收带[$\varepsilon \approx 200 \sim 2000 L/(mol \cdot cm)$]，这是芳环 B 吸收带的特征，则可推断未知物含有苯环。

二、紫外-可见吸收光谱定性分析方法

有机化合物的吸收光谱特征是有机物定性的主要依据之一，大致方法如下：①绘制纯样品的吸收光谱曲线，由光谱特征依据一般规律作出判断；②用对比法比较未知物和已知纯化合物的吸收光谱；③将未知物吸收光谱与标准谱图对比，当实验条件相同时，若两者谱图相同（曲线形状、吸收峰数目、λ_{max} 及 ε_{max} 等），说明两者是同一化合物。为进一步确证可更换溶剂进行比较测定。常用的光谱图集是 Sadtler 谱图，它收集了 46000 多种化合物的紫外吸收光谱图，并附有五种索引，使用方便。最后要用其他化学、物理或物理化学等方法进行对照验证，才能最终得出正确的结论。

三、紫外-可见分光光度法定量分析

1. 定量分析依据

朗伯-比耳定律：

$$A = -\lg T = \varepsilon bc$$

式中，A 为吸光度（$A = 0.434$，读数相对误差最小）；T 为透光度；ε 为摩尔吸光系数（表示物质吸收光的能力，在一定条件下为常数，不随物质的浓度改变，但随波长而变，定量分析通常要求 $\varepsilon_{max} \geqslant 10^4 \sim 10^5 L/(mol \cdot cm)$；$b$ 为吸收池液层

厚度，cm；c 为吸光物质的物质的量浓度，mol/L。

2. 定量分析方法

（1）普通分光光度法

单组分定量分析：可直接利用朗伯-比耳定律和标准曲线法进行待测组分含量分析。

多组分定量分析：如果体系溶液多组分物质都有光吸收，且各组分之间的相互作用可以忽略，则根据吸光度具有加和性，可通过联立方程组求解。以分光光度法检测双组分混合物 x 和 y 含量为例：

$$\begin{cases} A_{\lambda x}^{x+y} = \varepsilon_{\lambda x}^{x} b c_{x} + \varepsilon_{\lambda x}^{y} b c_{y} \\ A_{\lambda y}^{x+y} = \varepsilon_{\lambda y}^{x} b c_{x} + \varepsilon_{\lambda y}^{y} b c_{y} \end{cases} \tag{2-1}$$

式中，$A_{\lambda x}^{x+y}$ 和 $A_{\lambda y}^{x+y}$ 分别为混合溶液在 λ_x 和 λ_y 处的吸光度；$\varepsilon_{\lambda x}^{x}$ 和 $\varepsilon_{\lambda y}^{x}$ 分别为组分 x 在 λ_x 和 λ_y 处的摩尔吸光系数（用已知浓度的 x 可事先求出）；$\varepsilon_{\lambda x}^{y}$ 和 $\varepsilon_{\lambda y}^{y}$ 分别为组分 y 在 λ_x 和 λ_y 处的摩尔吸光系数（用已知浓度的 y 可事先求出）；b 为吸收池的液层厚度。

（2）双波长法

相互干扰的多组分混合物、浑浊试样（如生物组织液）或背景吸收较大的复杂试样的定量分析多采用双波长法（需要用双波长分光光度计），此方法不需要空白溶液作参比，但需要两个单色器获得两束单色光（λ_1 和 λ_2）交替照射同一溶液，以参比波长 λ_1 处的吸光度 $A_{\lambda 1}$ 作为参比来消除干扰。两处波长的吸光度差值 ΔA 与待测组分浓度成正比，如式（2-2）所示：

$$\Delta A = A_{\lambda 1} - A_{\lambda 2} = (\varepsilon_{\lambda 2} - \varepsilon_{\lambda 1}) b c \tag{2-2}$$

式中，$\varepsilon_{\lambda 1}$ 和 $\varepsilon_{\lambda 2}$ 分别为待测组分在 λ_1 和 λ_2 处的摩尔吸光系数；b 为吸收池液层的厚度。

（3）示差法

普通分光光度法一般只适用于测定微量组分，当待测组分含量较高时，将产生较大误差。此时多采用示差法，即提高入射光强度，并采用稍低于待测溶液浓度的标准溶液作参比溶液。此时测得的吸光度相当于普通法中待测溶液与标准溶液的吸光度之差 ΔA，与两溶液的浓度差值成正比，如式（2-3）所示：

$$\Delta A = A_{x} - A_{s} = \varepsilon b (c_{x} - c_{s}) \tag{2-3}$$

由标准曲线上查得相应的 Δc 值即可计算出待测溶液浓度 c_x。

（4）导数光谱法

利用吸光度（或透光率）对波长的导数曲线来进行

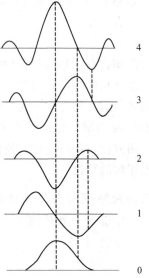

图 2-1　吸收光谱曲线（0）
及其 1～4 阶导数曲线

定量分析，称为导数光谱法。通常对吸收光谱曲线进行一阶或高阶求导，即可得到各种导数光谱，即吸光度随波长变化率对波长的曲线，如图 2-1 所示。导数光谱在组分同时测定、浑浊样品分析、消除背景干扰、加强光谱的精细结构及复杂光谱的辨析方面显示出很大的优越性。

四、双光束紫外-可见分光光度计的工作原理及结构示意图

紫外-可见分光光度计主要包括五个组成部分：光源、分光系统、吸收池、检测器和数据处理系统。双光束紫外-可见分光光度计常用的光源为氘灯和（碘）钨灯，光源发出的光经滤光片、入射狭缝和光栅分光后，再经分光器（旋转扇形镜或半透镜）分成两束光强相同的光，分别通过参比池和样品池，测得透过样品溶液和参比溶液的光强度之比，转化为吸光度信号输出，如图 2-2 所示。

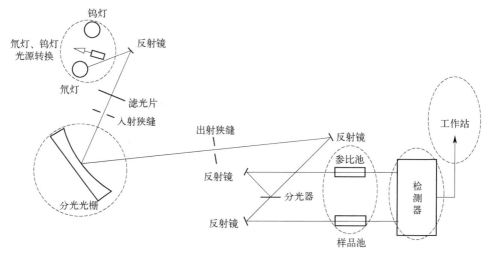

图 2-2　双光束紫外-可见分光光度计工作原理示意图

扇形镜结构示意图如图 2-3 所示，在 360°范围内分作四部分，R 为反射部分，S 为透射部分，D 为不透射也不反射的背景。半透镜结构示意图如图 2-4 所示，半透镜是半透明的镜面膜，透光率为 50%。当反射部分进入光路时，参比光束到达检测器；而当透射部分进入光路时，则样品光束到达检测器。透过样品溶液和参比溶液的光强度依次通过检测器放大、转换及运算处理系统，并将扣除背景之后的吸光度输出。

五、GBC Cintra 紫外-可见分光光度计操作程序

① 启动计算机，打开 GBC Cintra 主机电源，双击 "Cintral" 图标，运行操作软件。

② 波长扫描操作程序

点击 "General Appplications" 模块，建立工作区（Workspace）。点击 "Workspace"，进入已建立的工作区（Workspace）。点击右侧 "波长扫描（Wavelength Scan）"图标，在弹出的对话框中，根据实验需要，编辑"Upper""Lower""Speed""Step Size"和"Slit Width"各选项。

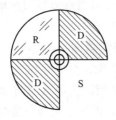

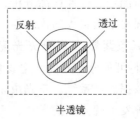

图 2-3　扇形镜结构示意图　　　　　图 2-4　半透镜结构示意图

Upper：波长上限（nm）　　　Lower：波长下限（nm），范围为 190～900 nm
Speed：扫描速度，范围为 60～3200 nm/min，通常设置成 1000 nm/min 为宜
Step Size：步长，通常为 1 nm　　　Slit Width：狭缝宽度，通常为 2.0 nm
Mode：模式为 Absorbance

③ 设置完成后，在内外两个吸收池架上放置均装有参比液的吸收池，关好样品仓，点击"Baseline"，进行基线校正。然后，在外面的吸收池架换上装有待测样品的吸收池，关好样品仓，点击"Scan"，即可进行波长扫描。

扫描完成后，在右侧"Scan List"框中，右键点击选中的扫描曲线，左键点击"Peaks & Valleys"，设置阈值（Search Tolerance），点击"Find Peaks & Valleys"，即可标出吸收峰、谷。

六、V-1100 型可见分光光度计操作程序

① 开机前确认仪器光路中无阻挡物，关上样品室盖，打开仪器电源开关开始自检，自检完成后，仪器需预热 30min 以上。仪器自检或扫描过程中不得打开样品室。

② 旋转波长旋钮到测试波长，从显示器实时读取波长值，按"MODE"键切换选定模式为"A""T""C""F"模式。

③ 将放有"参比"的样品槽置于光路中，按 Δ100％T 校准。

④ 将放有"样品"的样品槽置于光路中，在显示屏上读取吸光度值或透光率值。

⑤ 按"ENTER"键打印测量结果。

⑥ 测试完成后，及时将溶液从样品室中取出，对易挥发和腐蚀性的液体，尤其要注意！如果样品室中有遗漏的溶液，应及时清理干净。

⑦ 检测时，注意保护比色皿检测面不受损伤，测量结束或溶液更换后，需及时清洗比色皿。

⑧ 仪器不用时，在检测池中放入干燥剂，并及时更换，如将溶液遗洒在外壳和样品槽上，立即用湿毛巾擦拭干净，工作结束后及时做好使用登记。

七、注意事项

① 比色皿要配对使用，保证比色皿的透光性相互匹配。测定紫外波长时，需选用石英比色皿。

② 保护好比色皿的光学面，切勿用手捏透光面。拿取时应捏住毛玻璃的两面。比色皿光学面必须洁净，池壁上液滴应用擦镜纸擦干，以免沾污产生斑痕或磨损透光面。

③ 对于易挥发试样，样品池盖上玻璃盖。

④ 石英比色皿每更换一种溶液或溶剂必须洗干净，并用待测溶液或参比溶液润洗 3 次。溶液倒入量以比色皿高度的 2/3～4/5 为宜。

⑤ 实验结束后将比色皿中的溶液倒尽，然后用去离子水或有机溶剂冲洗比色皿至干净，倒立晾干。

⑥ 比色皿要定期用稀盐酸洗涤，不能用强碱、强氧化剂浸洗，保持清洁，以去离子水洗涤后，自然风干或用乙醇冲洗吹干，切忌放在干燥箱内烘干。

⑦ 实验结束后，将干燥剂放入样品室内，盖上防尘罩，做好使用登记，得到管理老师认可后方可离开。

紫外-可见分光光度计

实验 1 茶叶中咖啡因含量的测定

一、实验目的

1. 熟悉样品前处理步骤；利用咖啡因的紫外吸收特性测定茶叶中的咖啡因含量。

2. 掌握双光束紫外分光光度计的使用和标准曲线法的制作方法。

二、基本原理

咖啡因又叫咖啡碱，是一种黄嘌呤生物碱，存在于茶叶、咖啡、可可等植物中，是一种温和的中枢神经兴奋剂，具有刺激心脏、兴奋中枢神经和利尿等作用。咖啡因（1,3,7-三甲基黄嘌呤）的结构式为：

咖啡因

咖啡因是弱碱性化合物，可溶于氯仿、丙醇、乙醇和热水中，难溶于乙醚和苯（冷）。纯品熔点 235～236 ℃，含结晶水的咖啡因为无色针状晶体，在 100 ℃时失去结晶水，并开始升华，120 ℃时显著升华，178 ℃时迅速升华。利用这一性质可纯化咖啡因。茶叶中约含有 1％～5％的咖啡因，适量饮用茶水具有兴奋中枢神经的作用，可提神。过量饮用则会扰乱胃中消化液的正常分泌，影响食物消化，有些人可能还会产生心慌、头晕等症状。茶叶中除含有咖啡因外，同时还含有约 8％～35％茶多酚、15％～23％蛋白质、5％～10％单宁酸以及色素、纤维素等物质。在茶叶水浸出物中除去蛋白质、茶多酚、色素等干扰物质后，利用咖啡因在波长约 274 nm 处有特征紫外吸收，对其进行定量分析。

三、仪器、试剂与材料

仪器：双光束紫外分光光度计；石英比色皿（1 cm）；小烧杯；离心机；容量瓶（10.00 mL、100.00 mL）；吸量管；分液漏斗；分析天平。

试剂与材料：饱和碱性乙酸铅溶液；乙酸乙酯；0.1 mol/L 盐酸；0.005 g/L 咖啡因储备液；去离子水；干茶叶。

四、实验步骤

1. 制作咖啡因标准曲线

（1）配制咖啡因系列标准溶液

分别移取 0 mL、0.50 mL、1.00 mL、1.50 mL、2.00 mL、2.50 mL、3.00

mL、3.50 mL（根据具体仪器调整标准溶液的加入量）咖啡因储备液于 10.00 mL 容量瓶中，各加 4 滴 0.1 mol/L 盐酸溶液后，用去离子水稀释至刻度。

（2）扫描吸收曲线

以空白液作参比，在波长 220～350 nm 范围内扫描其紫外吸收光谱，确定最大吸收波长（参考值：274 nm）。

（3）制作标准曲线

测量上述系列标准溶液在最大吸收波长处的吸光度值，相关数据记录于下表中。以吸光度为纵坐标，咖啡因浓度为横坐标绘制标准曲线。

2. 处理样品

准确称取干茶叶（参考值：0.6000 g）于小烧杯中，加去离子水约 85 mL，加热煮沸 30 min 后，过滤分离，得滤液。滤液中加入 0.1 mol/L 盐酸 10 滴和饱和碱性乙酸铅溶液 1 mL，转移至 100.00 mL 容量瓶中，用去离子水稀释至刻度，混匀后离心分离，得上清液。准确移取一定体积的上清液，加入等体积乙酸乙酯萃取分离，收集水相，并准确记录水相的体积。准确移取上述水相 0.10～0.50 mL 于 10.00 mL 容量瓶中，加入 4 滴 0.1 mol/L 盐酸，用去离子水稀释至刻度，混匀，得待测样品溶液。

3. 测定样品溶液的吸光度

以试剂空白为参比，测定待测样品溶液在最大吸收波长（参考值：274 nm）处的吸光度值。根据试样溶液在最大吸收波长（参考值：274 nm）处的吸光度和标准曲线，计算茶叶中咖啡因含量。

五、数据记录与处理

1. 相关数据记录及计算

编号	标准溶液								样品溶液
	1	2	3	4	5	6	7	8	
咖啡因浓度/(mg/mL)									
吸光度值									
茶叶中咖啡因含量/(mg/g 茶叶)									
茶叶中咖啡因质量分数/%									

2. 咖啡因标准曲线制作（包含线性回归方程及相关系数）

实验2 紫外分光光度法同时测定维生素C和维生素E

一、实验目的

1. 进一步熟悉紫外-可见分光光度计的使用。
2. 学习分光光度法同时测定双组分含量的方法。

二、实验原理

维生素C（抗坏血酸，VC）和维生素E（其水解产物为生育酚，VE）具有多种生物活性，是正常生命活动不可或缺的营养物质。维生素C和维生素E是较强的抗氧化剂，在清除自由基和抗氧化方面具有重要作用，通常作为组合试剂用于抗衰老、提高机体免疫力和防止食品氧化变质等。维生素C和维生素E都是具有π电子的共轭双键化合物，在紫外光区有强烈吸收，二者最大吸收波长不同（$\lambda_{max,VC}$参考值：245 nm；$\lambda_{max,VE}$参考值：290 nm），且摩尔吸光系数ε可达$10^4 \sim 10^6$ L/(mol·cm)，可根据朗伯-比耳定律进行定量分析。水溶性的维生素C和脂溶性的维生素E在弱酸性和中性条件下能稳定存在，且均能溶于无水乙醇。因此，可采用分光光度法测定乙醇溶液中二者的含量。维生素C和维生素E的结构式如下：

维生素C   维生素E

三、仪器、试剂与材料

仪器：GBC 4113双光束紫外-可见分光光度计；分析天平；石英比色皿（1 cm）；具塞比色管（25 mL）；容量瓶（50 mL）；吸量管（10 mL）。

试剂与材料：6.00×10^{-5} mol/L维生素C储备液；1.00×10^{-4} mol/L维生素E储备液；无水乙醇；复合维生素片。

四、实验步骤

1. 配制标准溶液

准确移取维生素C储备液0.00 mL、2.00 mL、4.00 mL、6.00 mL、8.00 mL、10.00 mL于6支50 mL容量瓶中，用无水乙醇定容，混匀，备用。

准确移取维生素E储备液0.00 mL、2.00 mL、4.00 mL、6.00 mL、8.00 mL、10.00 mL于6支50 mL容量瓶中，用无水乙醇定容，混匀，备用。

2. 配制样品溶液

准确称取复合维生素片 1 片，记录其质量。将维生素片研磨粉碎，用无水乙醇溶解，稀释定容至 1.0 L。取上清液 1.00 mL 于 50 mL 容量瓶中，用无水乙醇定容，混匀，得到样品溶液，备用。

3. 绘制吸收光谱曲线

以无水乙醇为参比，在 220～330 nm 范围内分别测试上述维生素 C 标准溶液和维生素 E 标准溶液的吸收光谱曲线，确定最大吸收波长 λ_1 和 λ_2，并记录 λ_1 和 λ_2 处对应的吸光度值。

4. 绘制标准曲线

分别绘制维生素 C 和维生素 E 在 λ_1 和 λ_2 处的 4 条标准曲线，查出 4 条曲线的斜率，即 $\varepsilon_{\lambda 1}^{x}$、$\varepsilon_{\lambda 2}^{x}$、$\varepsilon_{\lambda 1}^{y}$、$\varepsilon_{\lambda 2}^{y}$。

5. 检测样品溶液吸光度

以无水乙醇为参比，测试上述样品溶液在 λ_1 和 λ_2 处的吸光度值。根据吸光度具有加和性，联立方程组，计算样品溶液中维生素 C 和维生素 E 的浓度。

五、数据记录与处理

1. 维生素 C 和维生素 E 吸收曲线及最大吸收波长

吸收曲线：

名称	最大吸收波长/nm
维生素 C	λ_1：
维生素 E	λ_2：

2. 绘制 4 条标准曲线

标准曲线：

维生素 C 标准溶液浓度/(mol/L)	$A_{\lambda 1}$	$A_{\lambda 2}$

维生素 E 标准溶液浓度/(mol/L)	$A_{\lambda 1}$	$A_{\lambda 2}$

名称	$\varepsilon_{\lambda1}/[L/(mol \cdot cm)]$	$\varepsilon_{\lambda2}/[L/(mol \cdot cm)]$
维生素 C		
维生素 E		

3. 计算样品溶液和复合维生素片中维生素 C 和维生素 E 的含量

根据以下公式

$$A_{\lambda1}=\varepsilon_{\lambda1}^{x}bc_{x}+\varepsilon_{\lambda1}^{y}bc_{y}$$
$$A_{\lambda2}=\varepsilon_{\lambda2}^{x}bc_{x}+\varepsilon_{\lambda2}^{y}bc_{y}$$

计算 c_x 和 c_y。

名称	$A_{\lambda1}$	$A_{\lambda2}$
样品溶液		

名称	样品溶液/(mol/L)	复合维生素片/(g/片)
维生素 C		
维生素 E		

六、思考题

1. 使用本方法测定维生素 C 和维生素 E 是否灵敏？

2. 多组分同时定量测定时，选择检测波长的原则是什么？

实验 3　邻菲咯啉分光光度法测定微量铁

一、实验目的

1. 掌握分光光度法定量分析原理及方法。
2. 熟悉单因素法优化实验条件。
3. 掌握可见光分光光度计的正确使用。

二、实验原理

邻菲咯啉（又称邻二氮菲，简写为 phen）是一种测定微量铁的常用显色试剂。在 pH 2～9（一般维持在 pH 5～6）的溶液中，Fe^{2+} 与邻菲咯啉生成稳定的橙红色配合物，其 $\lg K_稳 = 21.3$，摩尔吸光系数 $\varepsilon = 1.1 \times 10^4 \, L/(mol \cdot cm)$，最大吸收波长约在 510 nm 处。$Fe^{2+}$ 与邻菲咯啉反应式如下：

邻菲咯啉

无色　　　　　　　　　　橙红色

Fe^{3+} 与邻菲咯啉作用形成的淡蓝色配合物稳定性较差，因此在实际应用中先加入还原剂（如盐酸羟胺等），使 Fe^{3+} 还原为 Fe^{2+} 后，再与显色剂邻菲咯啉作用。本方法的选择性高，当溶液中除铁离子外，还同时存在相当于铁含量 40 倍的 Sn^{2+}、Al^{3+}、Ca^{2+}、Mg^{2+}、Zn^{2+}、SiO_3^{2-}，20 倍的 Cr^{3+}、Mn^{2+}、V^{5+}、PO_4^{3-}，5 倍的 Co^{2+}、Cu^{2+} 等离子，均不对该法测定微量铁产生干扰。

分光光度法的实验条件，如检测波长、溶液酸度、显色剂用量等，都是通过实验来确定的。本实验在测定试样中铁含量之前，先做部分条件优化实验，以便初学者掌握实验条件的优化方法。

条件优化实验采用单因素法：改变一种实验条件，其余条件不变，测得一系列吸光度值，绘制吸光度与某实验条件的相关曲线，根据曲线确定某实验条件的适宜值或适宜范围。

三、仪器、试剂与材料

仪器：V-1100 型可见分光光度计；分析天平；酸度计；容量瓶（50 mL、100 mL）；吸量管（2 mL、5 mL、10 mL）；小烧杯。

试剂：

（1）100 μg/mL 铁标准溶液　准确称取 0.4311 g 分析纯 $NH_4Fe(SO_4)_2 \cdot$ $12H_2O$ 于小烧杯中，加入 0.5 mL 盐酸羟胺溶液和少量去离子水溶解，转移至 500 mL 容量瓶中，加去离子水稀释至刻度，充分摇匀。

（2）0.15％邻菲咯啉溶液　称取 1.5 g 邻菲咯啉，先用 5～10 mL 95％乙醇溶解，再用去离子水稀释到 1000 mL。

（3）HAc-NaAc 缓冲溶液（pH＝4.6）　称取 136 g 乙酸钠（$CH_3COONa \cdot$ $3H_2O$），加入 90 mL 冰醋酸，加水溶解后，稀释到 1000 mL。

（4）其他所需试剂　10％盐酸羟胺水溶液（新鲜配制）；1 mol/L NaOH 溶液；HCl 溶液（1＋1）；95％乙醇溶液；冰醋酸。

四、实验步骤

1. 实验条件的选择

（1）吸收曲线的制作和检测波长的选择

用吸量管分别移取 0.0 mL、1.0 mL 铁标准溶液（100 μg/mL）于两个 50 mL 容量瓶中，各加入 1 mL 10％盐酸羟胺溶液、2 mL 0.15％邻菲咯啉溶液、5 mL HAc-NaAc 缓冲溶液，用去离子水稀释至刻度，摇匀，放置 10 min。用 1 cm 比色皿，以空白试剂（即加入 0.0 mL 铁标准溶液所制备的溶液）作为参比溶液，另一份加入 1.0 mL 铁标准溶液所制备的溶液作为试样溶液，用 V-1100 型可见分光光度计在 440～560 nm 处测定其吸光度。每隔 10 nm 测一次吸光度，在最大吸收峰附近，每隔 2 nm 测定一次吸光度。在坐标纸上，以波长 λ(nm) 为横坐标，吸光度 A 为纵坐标，绘制 A 和 λ 的相关吸收曲线。从吸收曲线上选择测定铁的检测波长，一般选用其最大吸收波长 λ_{max}(nm)。

（2）酸度的影响

取 8 个 50 mL 容量瓶，用吸量管分别移取 1.0 mL 100 μg/mL 的铁标准溶液后，依次加入 1 mL 10％盐酸羟胺溶液和 2 mL 0.15％邻菲咯啉溶液，摇匀。再分别移取 1 mol/L NaOH 溶液 0.0 mL、0.2 mL、0.5 mL、1.0 mL、1.5 mL、2.0 mL、2.5 mL、3.0 mL 于上述 8 个容量瓶中，用去离子水稀释至刻度，摇匀，放置 10 min。分别用酸度计和可见分光光度计测定各溶液的 pH 值和吸光度 A。以溶液 pH 值为横坐标，吸光度 A 为纵坐标，绘制 A 和 pH 值的相关吸收曲线，选择最适 pH 范围。

吸光度测定条件为：1 cm 比色皿，去离子水作参比，测定波长为 λ_{max}。

（3）显色剂邻菲咯啉用量的影响

取 7 个 50 mL 容量瓶，依次加入 1.0 mL 100 μg/mL 的铁标准溶液、1 mL 10％盐酸羟胺溶液，摇匀。然后分别移取 0.15％邻菲咯啉溶液 0.1 mL、0.3 mL、0.5 mL、0.8 mL、1.0 mL、2.0 mL、4.0 mL，再各加入 HAc-NaAc 缓冲溶液 5.0 mL，用去离子水稀释至刻度，摇匀，放置 10 min。用可见分光光度计测定各

溶液的吸光度 A。以邻菲啰啉溶液体积 V_{phen}（mL）为横坐标，吸光度 A 为纵坐标，绘制 A 和 V_{phen} 的相关吸收曲线，选择显色剂邻菲啰啉的最适使用体积 V_{phen}（mL）。

吸光度测定条件为：1 cm 比色皿，以去离子水作参比，测定波长为 λ_{max}。

2. 铁含量的测定

（1）标准曲线的制作

用吸量管移取 100 μg/mL 铁标准溶液 10 mL 于 100 mL 容量瓶中，加入 2 mL 6 mol/L 的 HCl，用去离子水稀释至刻度，摇匀，得到 10 μg/mL 铁标准溶液。

于 6 个 50 mL 容量瓶中，用吸量管分别移取 0.0 mL、2.0 mL、4.0 mL、6.0 mL、8.0 mL 和 10.0 mL 10 μg/mL 铁标准溶液，再分别依次加入 1 mL 10％盐酸羟胺、? mL（优化结果）0.15％邻菲啰啉、5 mL HAc-NaAc 缓冲溶液，每加一种试剂后摇匀。然后，用去离子水稀释至刻度，摇匀，放置 10 min。用 1 cm 比色皿，以空白试剂（即加入 0.0 mL 10 μg/mL 铁标准溶液所制备的溶液）作参比，在所选择的检测波长下，测量各溶液的吸光度 A。以铁含量 w_{Fe}（μg/mL）为横坐标，吸光度 A 为纵坐标，绘制标准曲线。

通过绘制的标准曲线，重新查出相应浓度铁溶液的吸光度 A，计算 $[Fe(phen)_3]^{2+}$ 的摩尔吸光系数 ε。

（2）试样中铁含量的测定

分别移取相同体积的试样溶液于三个 50 mL 容量瓶中，皆依次加入 1 mL 10％盐酸羟胺、? mL（优化结果）0.15％邻菲啰啉、5 mL HAc-NaAc 缓冲溶液，用去离子水稀释至刻度，摇匀，放置 10 min。测量被测样溶液的吸光度 A（测定条件同上），求其平均值。通过被测样溶液的吸光度 A，在标准曲线上查出或通过标准曲线方程计算被测样溶液中的铁含量（μg/mL），从而进一步计算出试样中的铁含量（μg/mL）。

五、数据记录与处理（自行设计表格记录相关数据）

1. 绘制 A-λ 曲线，确定 λ_{max}（nm）。

2. 绘制 A-pH 曲线，确定最适宜 pH 范围。

3. 绘制 A-V_{phen} 曲线，得出显色剂邻菲啰啉的最适使用体积 V_{phen}（mL）。

4. 绘制标准曲线；根据标准曲线，计算 $[Fe(phen)_3]^{2+}$ 的摩尔吸光系数 ε，并根据被测试样溶液中的铁含量计算原试样中的铁含量（μg/mL）。

六、注意事项

1. 不能随意改变各种试剂的加入顺序。

2. 每改变一次测量波长必须重新调零。最佳检测波长选择好后不要再改变。

3. 读数据时要注意 A 和 T 所对应的数据。

七、思考题

1. 用邻菲咯啉分光光度法测定微量铁时，为什么要加入盐酸羟胺？其作用是什么？

2. 在有关条件实验中，均以去离子水作参比，为什么在测绘标准曲线和测定试液时，要以空白试剂溶液作参比？

3. 本实验量取各种试剂时应分别采取何种量器较为合适？为什么？

4. 怎样用分光光度法测定水样中的全铁（总铁）和亚铁的含量？试拟出简单步骤。

实验 4　分光光度法测定食品中亚硝酸盐含量

一、实验目的

1. 进一步熟悉紫外-可见分光光度计的使用。
2. 掌握分光光度法测定亚硝酸盐含量的原理和方法。
3. 了解样品的前处理方法。

二、实验原理

亚硝酸盐具有较好的发色、抑菌、抗氧化、增强风味等作用，在食品工业中特别是肉制品加工生产中应用广泛。肉制品自身的硝酸盐来源于生物循环，含量较少。根据 GB 2760—2024《食品安全国家标准　食品添加剂使用标准》与 GB 2762—2022《食品安全国家标准　食品中污染物限量》规定，允许少量亚硝酸盐作为护色剂、防腐剂添加到肉制品中。然而，亚硝酸盐也是致癌物质亚硝胺的前体，因此严格控制并检测食品中亚硝酸盐含量十分重要。

食品样品经沉淀蛋白质、除去脂肪后，在弱酸性条件下，亚硝酸盐与对氨基苯磺酸发生重氮化反应生成重氮盐，然后再与盐酸萘乙二胺偶合生成紫红色的偶氮化合物，测定其在最大吸收波长处（参考值：540 nm）的吸光度，用标准曲线法（外标法）测得亚硝酸盐含量。

三、仪器、试剂与材料

仪器：可见分光光度计；分析天平；样品粉碎机；石英比色皿（1 cm）；具塞比色管（25 mL、50 mL）；容量瓶（100 mL、250 mL）；吸量管（10 mL）；恒温水浴锅；滤纸。

试剂与材料：氨-氯化铵缓冲溶液（pH 9.6～9.7）；220 g/L 乙酸锌溶液；2.0 mol/L 盐酸溶液；106 g/L 亚铁氰化钾；60％乙酸溶液；50 g/L 饱和硼砂溶液；4.0 g/L 对氨基苯磺酸溶液（用 20％盐酸溶液配制，棕色瓶室温保存）；2.0 g/L 盐酸萘乙二胺溶液（棕色瓶冰箱保存）；亚硝酸钠标准储备溶液 500 mL（5.0 µg/mL，加 300 mL 氨-氯化铵缓冲溶液）；活性炭；待测样品（肉、固态及液态乳制品、粮食、蔬菜、水果）；去离子水。

四、实验步骤

1. 配制亚硝酸钠标准溶液

准确移取亚硝酸钠标准储备液 0.00 mL、1.00 mL、2.00 mL、3.00 mL、4.00 mL、5.00 mL、6.00 mL、8.00 mL、10.00 mL 于 9 个 50 mL 具塞比色管中，分别加入 5.0 mL 60％乙酸溶液、2 mL 4.0 g/L 对氨基苯磺酸溶液，混匀，暗处静置 3～5 min 后各加入 1 mL 2.0 g/L 盐酸萘乙二胺溶液，加去离子水至刻度，

混匀，静置 15 min，制得待测标准溶液。

2. 试样预处理

（1）蔬菜、水果

将新鲜蔬菜、水果试样用自来水洗净后，用水冲洗，晾干后，取可食部分切碎混匀。将切碎的样品用四分法取适量，用食品粉碎机制成匀浆，备用。如需加水应记录加水量。

（2）粮食及其他植物样品

除去可见杂质后，取有代表性试样 50～100 g，粉碎后，过 0.30 mm 孔筛，混匀，备用。

（3）肉类、蛋、水产及其制品

用四分法取适量或取全部，用食品粉碎机制成匀浆，备用。

称取 5 g（精确至 0.001 g）上述（1）（2）（3）匀浆试样（如制备过程中加水，应按加水量折算），置于 250 mL 具塞锥形瓶中，加入 12.5 mL 50 g/L 饱和硼砂溶液，加入 70 ℃左右的去离子水约 150 mL，混匀，于沸水浴中加热 15 min，取出置冷水浴中冷却，并放置至室温。定量转移上述提取液至 200 mL 容量瓶中，加入 5 mL 106 g/L 亚铁氰化钾溶液，摇匀，再加入 5 mL 220 g/L 乙酸锌溶液，以沉淀蛋白质（蔬菜、水果样品再加入 2.0 g 活性炭粉除去色素）。加去离子水至刻度，摇匀，放置 30 min，除去上层脂肪，上清液用滤纸过滤，弃去初滤液 30 mL，滤液备用。

（4）乳粉、豆奶粉、婴儿配方粉等固态乳制品（不包括干酪）

将试样装入能够容纳 2 倍试样体积的带盖容器中，通过反复摇晃和颠倒容器使样品充分混匀，直到使试样均一化。

称取固态乳试样 10 g（精确至 0.001 g），置于 150 mL 具塞锥形瓶中，加入 12.5 mL 50 g/L 饱和硼砂溶液，加入约 150 mL 70 ℃左右的水，混匀，于沸水浴中加热 15 min，取出置冷水浴中冷却，并放置至室温。定量转移上述提取液至 200 mL 容量瓶中，加入 5 mL 106 g/L 亚铁氰化钾溶液，摇匀，再加入 5 mL 220 g/L 乙酸锌溶液，以沉淀蛋白质。加水至刻度，摇匀，放置 30 min，除去上层脂肪，上清液用滤纸过滤，弃去初滤液 30 mL，滤液备用。

（5）发酵乳、乳、炼乳及其他液体乳制品

通过搅拌或反复摇晃和颠倒容器使试样充分混匀。

称取液体乳试样 90 g（精确至 0.001 g），置于 250 mL 具塞锥形瓶中，加入 12.5 mL 饱和硼砂溶液，加入约 60 mL 70 ℃左右的水，混匀，于沸水浴中加热 15 min，取出置冷水浴中冷却，并放置至室温。定量转移上述提取液至 200 mL 容量瓶中，加入 5 mL 106 g/L 亚铁氰化钾溶液，摇匀，再加入 5 mL 220 g/L 乙酸锌溶液，以沉淀蛋白质。加水至刻度，摇匀，放置 30 min，除去上层脂肪，上清液用滤纸过滤，滤液备用。

（6）干酪

取适量的样品研磨成均匀的泥浆状。为避免水分损失，研磨过程中应避免产生过多的热量。

称取干酪匀浆试样 2.5 g（精确至 0.001 g），置于 150 mL 具塞锥形瓶中，加入 80 mL 水，摇匀，超声 30 min，取出放置至室温，定量转移至 100 mL 容量瓶中，加入 2 mL 3％乙酸溶液，加水稀释至刻度，混匀。于 4 ℃放置 20 min，取出放置至室温，溶液经滤纸过滤，滤液备用。

3. 配制样品溶液

吸取 40.0 mL 上述滤液于 50 mL 带塞比色管中，分别加入 5.0 mL 60％乙酸溶液、2 mL 4 g/L 对氨基苯磺酸溶液，混匀，静置 3～5 min 后各加入 1 mL 2 g/L 盐酸萘乙二胺溶液，加去离子水至刻度，混匀，静置 15 min，制得待测试样溶液。

4. 测试样品溶液和标准溶液

用 1 cm 比色皿，以试剂空白调节零点，于最大吸收波长（参考值：540 nm）处测吸光度，绘制标准曲线。

五、数据记录与处理

1. 数据记录

编号	标准溶液									样品溶液		
	1	2	3	4	5	6	7	8	9	1	2	3
亚硝酸钠浓度 /(μg/mL)												
吸光度值												
试样中亚硝酸钠含量/(mg/kg)												

2. 绘制标准曲线

3. 亚硝酸盐含量计算

亚硝酸盐（以亚硝酸钠计）的含量按下式计算：

$$w = \frac{m_1 \times 10^{-3}}{m_2 \times \dfrac{V_1}{V_0} \times 10^{-3}}$$

式中　w——试样中亚硝酸钠的含量，mg/kg；

　　　m_1——测定用试样溶液中亚硝酸钠的质量，μg；

　　　m_2——试样质量，g；

　　　V_1——测定用试样溶液体积，mL；

　　　V_0——试样处理液总体积，mL。

六、注意事项

1. 紫外分光光度计应该做好暗电流校正，提前预热半个小时才能使用，预热的目的是让机器更稳定，数据更加准确。

2. 样品必须粉碎均匀，以便充分提取。硝酸盐含量高的产品必须在样品入库后尽快完成检测，例如：蔬菜类应在样品入库后第一时间完成检测，不容拖延；因为样品的硝酸盐经长期放置后会经硝酸盐还原细菌的作用转化成亚硝酸盐。

3. 显色时，必须按顺序先后添加对氨基苯磺酸和盐酸萘乙二胺，不得颠倒顺序。

4. 认真判定样品的滤液是否澄清、透明、无干扰色；若有干扰色必须进行样品空白扣除实验。

5. 比色管和容量瓶等这些玻璃器材应该用稀盐酸浸泡24h，然后用去离子水冲洗干净，倒扣在比色管架子上，控水，自然晾干。

6. 比色皿应该处理干净，处理的方法是浸泡在重铬酸钾溶液中，也可以浸泡在乙醇、盐酸溶液中5～10 min，再用水洗干净，晾干或冷风吹干。

7. 在配制各种溶液时，应该使用不含有亚硝酸盐的去离子水。

8. 在做标准曲线时，可以自己配制，也可以买现成的标准溶液。在移取时，可以用经过检验合格的移液管或者移液枪。

七、思考题

1. 为什么要及时测定试样中亚硝酸盐含量？如不能及时测定，为什么必须密闭、避光和低温保存？

2. 样品预处理时加热的目的是什么？为什么要严格控制加热时间？

3. 处理蔬菜样品时，用活性炭处理滤液的作用是什么？

4. 配制亚硝酸盐标准溶液时应注意什么？

GB 5009.33—2016 食品安全国家标准　食品中亚硝酸盐与硝酸盐的测定

实验 5　芳香族化合物紫外吸收光谱测定及溶剂效应

一、实验目的

1. 掌握芳香族化合物的结构与其紫外吸收光谱之间的关系。
2. 熟悉溶剂效应、取代基的共轭效应及诱导效应对吸收光谱的影响。
3. 掌握紫外-可见分光光度计的使用。

二、实验原理

封闭共轭体系（芳香族和含杂芳香族化合物）中，$\pi \to \pi^*$ 跃迁产生的 K 带又称为 E 带。苯在 184 nm、204 nm 和 256 nm 附近出现三个吸收谱带归因于苯的 $\pi \to \pi^*$ 跃迁。其中，E 吸收带分为 E_1 带（184 nm 附近）和 E_2 带（204 nm 附近），B 吸收带位于 230～270 nm（256 nm 附近）。B 吸收带和 E 吸收带是芳香族化合物的特征吸收带，用于判断化合物中是否有芳香环存在。B 吸收带具有多重峰或称精细结构，是芳香族化合物的特征谱带。

影响芳香族化合物紫外吸收光谱的因素有内因（共轭效应、助色效应等）和外因（溶剂效应、浓度、pH 等）。苯环上有取代基时或在极性溶剂中，B 带的精细结构减弱或消失。单取代苯衍生物，特别是含有 n 电子的助色团如—OH、—NH_2 等取代基与苯环发生 n-π 共轭效应，使 E 带和 B 带发生红移，且有一定增色效应，但 B 带精细结构减弱或消失。当具有双键的不饱和取代基等生色团与苯环共轭，同时出现 K 吸收带和 B 吸收带，并使 B 带发生强烈红移，有时 B 带被淹没在 K 带（200～250 nm）之中。稠环芳烃有更大的共轭体系，B 带精细结构比苯环更明显，苯环的数目越多，吸收带红移越多，甚至可达可见光区。一些助色团单取代苯衍生物的紫外吸收光谱特征如表 2-1 所示。

表 2-1　一些助色团单取代苯衍生物的紫外吸收光谱特征

取代基	化合物	E_2 带($\pi \to \pi^*$)		B 带($\pi \to \pi^*$)		溶剂
		λ_{max}/nm	ε_{max}	λ_{max}/nm	ε_{max}	
—H	苯	204	7900	254	250	乙醇
—NH_3^+	苯胺盐	203	7500	254	200	水
—CH_3	甲苯	207	7000	261	300	乙醇
—I	碘苯	207	7000	257	700	乙醇
—Br	溴苯	210	7900	161	192	2%甲醇
—Cl	氯苯	210	7400	264	200	乙醇
—OH	苯酚	211	6200	270	1500	水
—OCH_3	苯甲醚	217	6400	269	1500	水

续表

取代基	化合物	E$_2$ 带($\pi \to \pi^*$)		B 带($\pi \to \pi^*$)		溶剂
		λ_{max}/nm	ε_{max}	λ_{max}/nm	ε_{max}	
—CN	苯腈	224	13000	271	1000	水
—NH$_2$	苯胺	230	8600	280	1400	水
—O$^-$	苯酚盐	235	9400	287	2600	水
—SH	硫酚	236	10000	269	700	己烷
—OC$_6$H$_5$	二苯醚	255	11000	272	2000	环己烷

芳香族化合物紫外吸收光谱既有 K 带又有 R 带时，溶剂极性越大，则 K 带与 R 带的距离越近（K 带红移，R 带蓝移）；而随着溶剂极性的变小，两个谱带则逐渐远离。

有些基团的紫外吸收光谱和溶液的 pH 关系很大，如苯酚在酸性与中性条件下的吸收光谱和碱性时不同。

三、仪器、试剂与材料

仪器：双光束紫外分光光度计；石英比色皿（1 cm）；具塞比色管（10 mL）。

试剂与材料：苯；甲苯；苯酚；苯胺；氯苯；苯甲酸；乙酰乙酸乙酯；环己烷；无水乙醇；0.1 mol/L 盐酸溶液；0.1 mol/L NaOH 溶液。

四、实验步骤

1. 溶剂极性及取代基对紫外吸收光谱的影响

分别用环己烷和无水乙醇作溶剂配制成 0.2 g/L 的苯、甲苯、苯酚、苯胺、氯苯、苯甲酸溶液各 10 mL，用 1 cm 石英比色皿，分别以环己烷和无水乙醇溶剂作参比，在 200～350 nm 范围内进行光谱扫描，得 6 种物质的紫外吸收光谱。观察比较：①同一芳香族化合物在不同极性溶剂中的吸收光谱，找出 λ_{max}；②不同芳香族化合物在同一溶剂中的吸收光谱，找出 λ_{max}。讨论溶剂极性和取代基对苯原有特征吸收带的影响。

2. 溶剂极性对 β-羰基化合物酮式和烯醇式互变异构体的影响

于 3 支 10 mL 具塞比色管中各加入 0.2 mL 乙酰乙酸乙酯，分别用环己烷、无水乙醇、水作溶剂稀释定容至刻度，混匀。用 1 cm 石英比色皿，分别以各溶剂作参比，在 200～350 nm 范围内进行光谱扫描，得乙酰乙酸乙酯在 3 种不同极性溶剂中的紫外吸收光谱。观察比较不同极性的溶剂中乙酰乙酸乙酯酮式异构体 $\pi \to \pi^*$ 跃迁产生的弱吸收带（参考值：$\lambda_{max}=204$ nm）和 $n \to \pi^*$ 跃迁产生的弱吸收带（参考值：$\lambda_{max}=280$ nm），讨论原因。观察比较不同极性的溶剂中乙酰乙酸乙酯烯醇式产生的强特征吸收带——K 吸收带（参考值：$\lambda_{max}=245$ nm，可用于定量分析），并计算其 ε 值大小。

3. 溶剂酸碱性对紫外吸收光谱的影响

在 2 支 10 mL 具塞比色管中各加入 0.2 g/L 苯酚水溶液 0.5 mL，分别用 0.1 mol/L 盐酸和 0.1 mol/L NaOH 溶液稀释至刻度，混匀。用 1 cm 石英比色皿，以去离子水作参比，在 200~350 nm 范围内进行光谱扫描，比较吸收光谱 λ_{max} 的变化。

五、数据记录与处理

1. 溶剂极性及取代基对紫外吸收光谱的影响

溶质	特征吸收峰位及 λ_{max}/nm	
	环己烷作溶剂	无水乙醇作溶剂
苯		
甲苯		
苯酚		
苯胺		
氯苯		
苯甲酸		

结论：

2. 溶剂极性对乙酰乙酸乙酯紫外吸收光谱的影响

溶剂	λ_{max}/nm	λ_{max}/nm	ε_{max}/[L/(mol·cm)]
环己烷			
无水乙醇			
水			

结论：

3. 溶剂酸碱性对紫外吸收光谱的影响

溶剂	λ_{max}/nm
0.1 mol/L 盐酸溶液	
0.1 mol/L 氢氧化钠溶液	

结论：

六、思考题

1. 试样溶液浓度过大或过小对测量有何影响？应如何调整？

2. 为什么溶剂极性增大，$\pi \rightarrow \pi^*$ 跃迁产生的吸收带红移，$n \rightarrow \pi^*$ 跃迁产生的吸收带蓝移？

第二节　红外吸收光谱法

红外光是一种波长介于可见光区和微波区之间的电磁波谱，波长在 $0.78 \sim 300$ μm。通常又把这个波段分成三个区域：即近红外区，波长在 $0.78 \sim 2.5$ μm（波数在 $12820 \sim 4000$ cm^{-1}），又称泛频区；中红外区，波长在 $2.5 \sim 25$ μm（波数在 $4000 \sim 400$ cm^{-1}），又称基频区；远红外区，波长在 $25 \sim 300$ μm（波数为 $400 \sim 33$ cm^{-1}），又称转动区。其中中红外区是研究、应用最多的区域。红外光谱除用波长 λ 表征外，更常用波数 σ 表征。波数是波长的倒数，表示在光的传播方向单位长度（如 1 cm）内所含的光波数。

红外吸收光谱的特点，首先是应用面广，提供信息多且具有特征性，故把红外光谱通称为"分子指纹"。用红外光谱法可以根据光谱中吸收峰的位置和形状来推断未知物的结构，依照特征吸收峰的强度来测定混合物中各组分的含量。其次，它不受样品相态的限制，无论是固态、液态以及气态都能直接测定，甚至对一些表面涂层和不溶、不熔融的弹性体（如橡胶）也可直接获得其光谱。它也不受熔点、沸点和蒸气压的限制，样品用量少且可回收，是属于非破坏分析。而作为红外光谱的测定工具——红外光谱仪，与其他近代分析仪器（如核磁共振波谱仪、质谱仪等）比较，构造简单，操作方便，价格便宜。因此，它已成为现代结构化学、分析化学最常用和不可缺少的工具。

根据红外光谱与分子结构的关系，谱图中每一个特征吸收谱带都对应于某化合物的质点或基团振动的形式。因此，特征吸收谱带的数目、位置、形状及强度取决于分子中各基团（化学键）的振动形式和所处的化学环境。只要掌握了各种基团的振动频率（基团频率）及其位移规律，即可利用基团振动频率与分子结构的关系，来确定吸收谱带的归属，确定分子中所含的基团或键，并进而由其特征振动频率的位移、谱带强度和形状的改变，来推定分子结构。

一、傅里叶变换红外光谱仪（FT-IR）的工作原理及结构示意图

1. FT-IR 工作原理

FT-IR 是基于光相干性原理而设计的干涉型红外光谱仪。它不同于依据光的折射和衍射而设计的色散型红外光谱仪。它与棱镜和光栅型红外光谱仪比较，称为第三代红外光谱仪。但干涉仪不能得到人们业已习惯并熟知的光源的光谱图，而是光源的干涉图。为此根据数学上的傅里叶变换函数的特性，利用电子计算机将光源的干涉图转换成光源的光谱图。即将以光程差为函数的干涉图变换成以波长为函数的光谱图，故将这种干涉型红外光谱仪称为傅里叶变换红外光谱仪。确切地说，即光源发出的红外辐射经干涉仪转变成干涉光，通过试样后得到含试样信息的干涉图，由电子计算机采集，并经过快速傅里叶变换，得到吸光度或透光率随频率或波数变化的红外光谱图。

2. FT-IR 结构示意图

FT-IR 结构主要包括光源、迈克尔逊干涉仪、样品池、检测器、计算机，结构示意图如图 2-5 所示。

（1）光源　红外光谱仪（FT）中所用的光源通常是一种惰性固体，用电加热使之发射高强度连续红外辐射，如空冷陶瓷光源。随着科技的发展，一种黑体空腔光源被研制出来。它的输出能量远远高于空冷陶瓷光源，可达到 60％以上。

（2）迈克尔逊干涉仪　其作用是将光源发出的红外辐射转变成干涉光，特点是输出能量大、分辨率高、波数精度高（它采用激光干涉条纹准确测定光差，故使其测定的波数更为精确），且扫描平稳、重现性好。

（3）样品池　用能透过红外光的透光材料制作样品池的窗片，通常用 KBr 或 NaCl 做样品池的窗片。

（4）检测器　其作用是将光信号转变为电信号，特点是扫描速度快（一般在 1 s 内可完成全谱扫描）、灵敏度高。

（5）计算机　特点是数据处理快，且具有色散型红外光谱仪所不具备的多种功能。

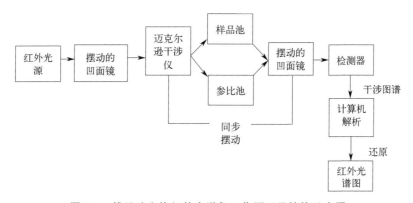

图 2-5　傅里叶变换红外光谱仪工作原理及结构示意图

二、Nicolet 6970 型傅里叶变换红外光谱仪操作规程

1. 开机前准备

开机前检查实验室电源、温度和湿度等环境条件，当电压稳定，室温在 15～25 ℃、湿度≤60％才能开机。

2. 开机

首先打开仪器的外置电源，稳定半小时，使得仪器能量达到最佳状态。开启电脑，并打开仪器操作平台 OMNIC 软件，运行 Diagnostic 菜单，设置实验参数并检查仪器稳定性。注意：确保仪器完成自检，软件联上仪器才能进行测量。

3. 制样

根据样品特性以及状态，选择相应的制样方法并制样。固体粉末样品用 KBr

压片法制成透明的薄片；液体样品用液膜法、涂膜法或直接注入液体池内进行测定。液膜法是在可拆液体池两片窗片之间，滴 1～2 滴液体试样，使之形成一薄的液膜；涂膜法是用刮刀取适量的试样均匀涂于 KBr 窗片上，然后将另一块窗片盖上，稍加压力，来回推移，使之形成一层均匀无气泡的液膜；沸点较低，挥发性较大的液体试样，可直接注入封闭的红外玻璃或石英液体池中，液层厚度一般为 0.01～1 mm。膜类样品不要压片，使用 ATR 附件。

4. 实验设置

在 OMNIC 软件里点击采集/实验设置/设置实验条件（扫描次数通常选择 32；分辨率：固、液体样品选 8，气体样品选 4；校正选项可选交互 K-K 校正，消除刀切峰；采样前/后采集背景均可；诊断中可进行准直校正和干燥剂实验），点击光学台检查信号在可接受范围内（通常 6～7 为正常），其余参数按照默认值即可。

5. 扫描和输出红外光谱图

① 先不放样品，点击采集背景扫描空光路背景信号；

② 放好样品，点击采集样品，扫描样品信号，得到样品红外光谱图；

③ 为样品设立标题，点击文件/另存为保存光谱图，可设标题为文件名，保存类型选择 SPA（OMNIC 软件识别格式）或 CSV 格式（Excel 可以打开）或 TIF（图片格式）。

④ 用 ATR 测定时，无论先测背景还是后测背景，只要点击，按照提示进行测定。测定结束后，需清理实验台，用无水乙醇清洗探头和检测窗口，晾干后测定下一个样品。

6. 基线校正、标峰、打印、保存、关闭等有关信息

① 点击"数据处理"转到"吸光度"方式后点击"自动基线校正"进行基线校正，返回到"透光率"方式；

② 点击 Find Peaks 标峰，之后替换原图；

③ 信息加入：从显示-显示参数设定中选中采样信息和相关项目，然后"确定"。

7. 关机

关机时，先关闭 OMNIC 软件，再关闭仪器电源，盖上仪器防尘罩。

三、红外谱图解析

1. 定性分析

（1）基团定性：根据被测化合物的红外特征吸收谱带的出现来确定该基团的存在。

（2）化合物定性：根据待测化合物的红外光谱特征吸收频率（波数），初步判断属哪一类化合物。然后查找该类化合物的标准红外谱图，若待测化合物的红外光谱与标准化合物的红外谱图一致，即两者的光谱吸收峰位置和相对强度基本一致时，即可判定待测化合物是该化合物或近似的同系物。

同时测定在相同制样条件下已知组成的纯化合物，待测化合物的红外光谱与该纯化合物的红外光谱相对照，两者光谱完全一致，则待测化合物是该已知化合物。

（3）未知化合物的结构鉴定：未知化合物必须是单一的纯化合物。测定其红外光谱后，进行定性分析。然后与质谱、核磁共振波谱及紫外吸收光谱等共同分析确定该化合物的结构。

2. 定量分析

因分析组分有限、误差大、灵敏度较低，一般情况下很少采用红外光谱作定量分析，但仍可采用红外或仪器附带的软件包进行定量分析。

四、红外压片注意事项

1. 压片机的使用

① 使用时先顺时针拧紧底座前方的黑色旋钮。
② 放好压片模具后拧紧上方的转盘卡紧模具。
③ 内外摇动右边的把手缓慢施加压力。
④ 压片时液压表压力请勿超过 10 MPa。
⑤ 达到所需压力后稍微停留半分钟待 KBr 片成型牢固。
⑥ 逆时针拧松底座前方的黑色旋钮释放液压油压力。
⑦ 取下压片模具反向轻压取出 KBr 片。
⑧ 压完片后将右边把手停留在向内的位置。
⑨ 拧紧底座前方黑色旋钮，防止压片机漏油。
⑩ 清洁压片机上洒落的药品，防止锈蚀。

2. 压片模具的使用

① 使用前先用脱脂棉蘸无水乙醇将模具擦拭干净。
② 将擦拭后的模具置于红外烘箱中烘干。
③ 放置好模具底座添加 KBr 粉末后卡紧上方模具。
④ 将模具卡紧在压片机上进行压片。
⑤ 压完片后切记用脱脂棉蘸无水乙醇将模具擦拭干净。
⑥ 将擦拭后的模具置于红外烘箱中烘干后置于模具盒中保存。

傅里叶变换红外光谱仪

实验 6　常见有机化合物的红外光谱测定及谱图分析

一、实验目的

1. 了解傅里叶变换红外光谱仪的基本构造及工作原理。
2. 掌握红外光谱分析的基础实验技术和样品测试。
3. 掌握几种常用的红外光谱解析方法。

二、谱图解析

所谓谱图解析就是根据实际测绘的红外光谱所出现的吸收谱带的位置、强度和形状，利用基团振动频率与分子结构的关系，来确定吸收谱带的归属，确认分子中所含的基团或键，并进而由其特征振动频率的位移、谱带强度和形状的改变，来推定分子结构。有机化合物的种类很多，但大多数由 C、H、O、N、S、卤素等元素构成，而其中大部分又是仅由 C、H、O、N 四种元素组成，所以说大部分有机物质的红外光谱基本上是由这四种元素所形成的化学键的振动贡献的。研究大量化合物的红外光谱后发现，同一类型的化学键的振动频率是非常相近的，总是出现在某一范围内。例如 CH_3CH_2Cl 中的—CH_3 基团具有一定的吸收谱带，而很多具有—CH_3 基团的化合物，在这个频率附近（$3000 \sim 2800 \ cm^{-1}$）亦出现吸收峰，因此可以认为此处出现—CH_3 吸收峰的频率是—CH_3 基团的特征频率。这个与一定的结构单元相联系的振动频率称为基团频率。但是它们又有差别，因为同一类型的基团在不同的物质中所处的环境各不相同，这种差别常常能反映出结构上的特点。例如 C=O 伸缩振动的频率范围在 $1850 \sim 1600 \ cm^{-1}$，当与此基团相连接的原子是 C、O、N 时，C=O 谱带分别出现在 $1715 \ cm^{-1}$、$1735 \ cm^{-1}$、$1680 \ cm^{-1}$ 处，根据这一差别可区分酮、酯和酰胺。因此，特征吸收峰的位置和强度取决于分子中各基团（化学键）的振动形式和所处的化学环境。只要掌握了各种基团的振动频率（基团频率）及其位移规律，就可应用红外光谱来检定化合物中存在的基团及其在分子中的相对位置。

为了准确地解析谱图，有必要先排除可能出现的"假谱带"（非试样本身的吸收）以及微量杂质的存在所造成的红外光谱的变化。常见的"假谱带"主要有水（$3400 \ cm^{-1}$、$1640 \ cm^{-1}$、$650 \ cm^{-1}$）和二氧化碳（$2350 \ cm^{-1}$、$667 \ cm^{-1}$）的吸收。水分的引入可能由于试样本身混有微量水或试样与空气接触而吸湿以及在样品的制备过程中使用溶剂或锭剂等造成的。二氧化碳的吸收是由于某些试样能吸附二氧化碳，特别是某些液体试样长期保存在干冰中容易造成二氧化碳被吸收。

总之，未解析前一定要根据试样的来源和制备方法以及试样的性质来区分和确认谱图的可靠性。其谱图解析的程序可大体分为两步。

1. 所含的基团或键的类型

每种分子都具有其特征的红外光谱，谱图上的每个吸收谱带是代表分子中某一基团或键的一种振动形式，并可由特征吸收谱带的位置、强度和形状确定所含基团或键的类型。以甲基为例，在 2960 cm^{-1}、2870 cm^{-1}、1450 cm^{-1}、1380 cm^{-1}附近出现了四个特征吸收谱带，分别归属于甲基的 C—H 反对称和对称伸缩振动和变形振动的吸收，且有其一定的相对强度顺序和形状。这四个特征吸收谱带就作为甲基的指纹，来确认试样中甲基存在与否。但由于分子结构和测量环境等的不同，其特征吸收谱带的位置，将做相应的移动，就可进一步推测属于何种化合物中的甲基。有机化合物的基团或键的特征频率已由实验上测得并汇集成基团或键的特征频率表，因而可以借助于查"字典"的方法来确认基团或键的类型。但在实际的谱图解析中，首先从基团判别区（4000～1350 cm^{-1}）入手，按谱图上出现的强峰到弱峰的顺序，依次加以确认，并结合指纹区（1350～850 cm^{-1}）的吸收加以肯定。指纹区虽没有明显的基团或键与特征振动频率的对应关系，但它能反映整个分子结构的特点，尤其是对分子骨架的振动吸收很敏感。以醇类的羟基（缔合的）为例，虽然可由基团判别区的 3400 cm^{-1} 附近的伸缩振动吸收加以确认，但尚不能肯定是伯醇、仲醇或叔醇，而必须结合指纹区的 1160～1040 cm^{-1} 吸收谱带的位置予以推断。伯醇出现在 1050 cm^{-1}、仲醇出现在 1100 cm^{-1}、叔醇出现在 1150 cm^{-1}。因而作为官能团的定性，必须通过基团判别区和指纹区的特征吸收加以综合推定。但当两个基团或键的特征频率较接近时，尤其在共存的情况下，由谱图直接辨认是异常困难的。例如羟基（缔合的）和仲氨基共存的场合，由于两者的伸缩振动频率和变形振动频率很相近，于是给推断增加了困难。遇到这种情况，可根据溶剂对特征吸收谱带位置的影响而加以分离鉴定。亦可利用化学反应制备衍生物等方法，确定分子中所含有的基团或键。

2. 推测分子结构

　　根据特征吸收谱带和分子结构的关系，依据谱图上出现的特征吸收谱带的位置、强度、形状来确定分子中各个基团或键所邻接的原子或原子团（可参照各类化合物的特征振动频率图表和有关文献），并结合前述的两步，就可推定分子中原子的相互连接方式，亦即是分子结构。但应着重指出，依据分子红外光谱推定分子结构主要是从基团或键的特征振动频率位移，来推定基团或键所连接的原子或原子团，因而对其特征振动频率位移的规律要侧重地加以掌握和熟记，特别是对前人已做过的工作要尽可能地加以收集、归纳、总结和运用。具体解析方法如下。

　　（1）直接法　将未知物的红外光谱图与已知化合物的红外光谱图直接进行比较。这就要求样品与标准物在相同条件下记录光谱，既要使用仪器的性能（如所用仪器分辨率高，则在某些峰的细微结构上会有差别）和谱图的表示方式（等波数间隔或等波长间隔）相同的仪器，样品的制备方法也要一致（指样品的物理状态、样品浓度及溶剂等）。若不同则谱图也会有差异。尤其是溶剂因素影响较大，须加注意，以免得出错误的结论。如果只是样品浓度不同，则峰的强度会改变，但是每个峰的强弱顺序（相对强度）通常应该是一致的。固体样品，因结晶条件不同，也可能出现差异，甚至差异很大。

（2）否定法　根据红外光谱与分子结构的关系，谱图中某些波数的吸收峰，就反映了某种基团的存在。当谱图中不出现某吸收峰时，就可否定某种基团的存在。例如，在 $2975\sim2845\ \mathrm{cm^{-1}}$ 区域内不出现强吸收峰，就表示不存在—CH_3 和—CH_2。

（3）肯定法　借助于红外光谱中的特征吸收峰，以确定某种特征基团存在的方法。例如，谱图中 $1740\ \mathrm{cm^{-1}}$ 处有吸收峰，且在 $1260\sim1050\ \mathrm{cm^{-1}}$ 区域内出现两个强吸收峰，波数高的表现为第一吸收，则可判断该化合物属于饱和脂类化合物。

应该说，关于识谱的程序至今并无一定规则。在实际工作中，往往是三种方法联合使用，以便得出正确的结论。

三、仪器、试剂与材料

仪器：Nicolet 6970 型傅里叶变换红外光谱仪。

试剂与材料：苯甲酸；水杨酸；乙酰水杨酸；邻苯二甲酸；间苯二甲酸；对苯二甲酸；KBr（光谱纯，SP）。

四、试样的制备

测定试样的红外光谱时，必须依据试样的状态、分析的目的和测定装置的种类等条件，选择能够得到最满意的结果的试样制备方法。若选择的试样制备方法不合适，也就不能充分发挥测定的效力，甚至还可能导致错误的结论，因而不能轻视试样的制备及处理方法。这是因为要获得一个良好的光谱记录，除了与仪器性能有关外，还要受到操作技术的影响。而在操作技术中，一是试样的制备及处理技术，一是光谱的记录条件。所以，在红外光谱法中，试样的制备及处理占有重要的地位。如果试样处理不当，那么即使仪器的性能很好，也不能得到满意的红外光谱图。一般来说，制备试样时应注意下述各点：

①　试样的浓度和测试厚度应选择适当。浓度太低，厚度太薄，会使一些弱的吸收峰和光谱的细微部分不能显示出来；过高，过厚，又会使强的吸收峰超越标尺刻度而无法确定它的真实位置。

②　试样中不应含有游离水。水分的存在不仅会侵蚀吸收池的盐窗，而且水分本身在红外区有吸收，将使测得的光谱图变形。

③　试样应该是单一组分的纯物质。多组分试样在测定前应尽量预先进行组分分离（如采用色谱法、精密蒸馏、重结晶、区域熔融法等），否则各组分光谱相互重叠，以致对谱图无法进行正确的解释。

试样的制备，根据其集聚状态可采用如下方法。

1.　固体试样

（1）压片法　在红外光谱的测定上被广泛用于固体试样调制剂的有 KBr、KCl，它们的共同特点是在中红外区（$4000\sim400\ \mathrm{cm^{-1}}$）完全透明，没有吸收峰。被测样品与它们的配比通常是 1：100，即取固体试样 $1\sim3\ \mathrm{mg}$，在玛瑙研钵中研细，再加入 $100\sim300$ mg 磨细干燥的 KBr 或 KCl 粉末，混合研磨均匀，使其粒度在 $2.5\ \mu m$（通过 250 目筛孔）以下，放入锭剂成型器中。加压（$5\sim10$ tf/cm²）3min 左右即可得到一定直径及厚度的透明片，然后将此薄片放在仪器的样品窗口上进行测定。

（2）熔融法　将熔点低且对热稳定的试样，直接放在可拆池的窗片上，用红外灯烘烤，使之受热变成流动性的液体，盖上另一个窗片，按压使其展成一均匀薄膜，逐渐冷却固化后测定。

（3）薄膜法　将试样溶于适当的低沸点溶剂中，而后取其溶液滴洒在成膜介质（水银、平板玻璃、平面塑料板或金属板等）上，使其溶剂自然蒸发，揭下薄膜进行测定。薄膜厚度一般约为 $0.05\sim0.1$ mm。

（4）附着法　有些高分子物质、结晶性物质或像细菌膜那样的生物体试样，不能用溶液成膜法得到所需的薄膜，可将其试样溶液直接滴在盐片上展开。当溶剂蒸发后，在盐片的表面上形成薄的附着层即可直接测试。

（5）涂膜法　对于那些熔点低、在熔融时又不分解、升华或发生其他化学反应的物质，可将它们直接加热熔融后涂在盐片上，上机测试；另外对于不易挥发的黏稠状样品，也可直接涂在盐片上（厚度一般约为 0.02 mm），上机测试。

2. 液体试样

① 沸点较高试样，直接滴在两块盐片之间，形成液膜（液膜法），上机测试。

② 沸点较低、挥发性较大的试样，可注入封闭液体池中，液层厚度一般约为 $0.01\sim1$ mm。

3. 气态试样

使用气体吸收池，先将吸收池内空气抽去，然后注入被测试样。

五、步骤、数据记录与处理

1. 样品制备：用压片法制备苯甲酸、水杨酸、乙酰水杨酸和未知物等待测样品。

2. 数据处理：从红外光图谱上找出对应化合物的官能团的特征吸收峰。

化合物	基团的特征吸收峰/cm⁻¹					
	—OH	—COOH	—C=O(羰基)	苯环	—CH₃	—C—O—C—
苯甲酸						
水杨酸						
乙酰水杨酸						
未知物						

六、注意事项

1. 样品仓窗门应轻开轻关，避免仪器振动受损。

2. 制备试样是否规范直接关系到红外光图谱的准确性。对液体样品，应注意使盐片保持干燥透明，每次测定前后均应用无水乙醇及滑石粉抛光，再在红外灯下烘干。对固体样品经研磨后也应随时注意防止吸水，否则压出的片子易粘在模具上。用压片法时，一定要用镊子从锭剂成型器中取出压好的薄片，而不能用手拿，以免沾污薄片。

有色粉末和液体样品禁止使用 ATR 附件，必须采用 KBr 压片法制样。实验后将 ATR 附件接触样品的部位用无水乙醇擦洗干净。

3. 扫谱结束后，取下样品架，取出薄片，按要求将模具、样品架等先用水再用无水乙醇擦拭干净（无水乙醇不溶解 KBr），把所有制样模具、样品架、研钵、KBr 都放入干燥器内。

4. 在仪器使用过程中，要经常检查仪器内部的湿度指示，Nicolet 系列用户可用软件检查干燥剂湿度是否过关。若干燥剂颜色变浅，需及时将干燥剂在烘箱里烘干。

5. 每次做完实验后，在样品仓内放一杯干燥硅胶，以保持样品仓的干燥并同时保护两边的 KBr 窗片。

6. 每次做完实验，用布罩将仪器盖好。仪器注意防震、防潮、防腐蚀。仪器长时间不使用时，间隔几天开启仪器一段时间，使仪器处于通电状态，可防止仪器受潮。

七、思考题

1. 特征吸收峰的数目、位置、形状和强度取决于哪两个主要因素？
2. 如何用红外光谱鉴定化合物中存在的基团及其在分子中的相对位置？

实验 7　未知有机化合物的红外光谱测定及谱图解析

一、实验目的

1. 进一步练习红外光谱仪的使用方法。
2. 熟练掌握各类常规试样的制样方法。
3. 熟练掌握利用红外光谱鉴定有机化合物结构的方法。

二、实验原理

红外光谱对有机化合物的定性分析具有鲜明的特征性。红外光谱定性分析的依据主要是：若两种物质在相同测定条件下得到的红外谱图完全相同，则两种物质应为同一种化合物。据此，可以将测试所得未知物的红外谱图与仪器计算机所储存的谱图库中的标准红外谱图进行检索、比对，就可以像辨别人类的指纹一样，进而确定未知物结构或推断可能存在的官能团。

对于复杂化合物，还可结合化合物的物理性质、紫外光谱、核磁共振波谱、质谱等来进一步"确诊"，从而确定该化合物的结构。

三、仪器、试剂与材料

仪器：傅里叶变换红外光谱仪；压片机；样品架；可拆式液体池架；玛瑙研钵；红外灯；干燥器；滴管。

试剂与材料：KBr（光谱纯，SP）；苯甲酸（AR）；邻苯二甲酸（AR）；丙酮（AR）；苯丙酮（AR）；无水乙醇（AR）；聚丙烯（AR）；聚氯乙烯（AR）。

四、实验步骤

根据老师提供的未知物的物性状态，确定试样的制样方法并测定其红外光谱图。

五、数据记录与处理

根据红外光谱图进行谱图解析，并给出可能的化合物结构。

六、注意事项

1. 试样的制样方法可根据试样的状态而定，对于固体粉末试样，通常采用压片法，个别采用石蜡糊法；对于液体样品，不易挥发、黏度大的，可用液膜法直接涂在空白晶片上绘制谱图；易挥发的可采用夹片法，把液体试样适量地均匀地涂在两个 KBr 晶片之间，再将两个 KBr 晶片放于支架中绘制谱图。
2. 进行谱图解析时，应首先选取强峰进行分析鉴定。
3. 通过系统自带谱图库对红外谱图进行检索、比对，可有效辅助定性鉴定。

七、思考题

1. 简要叙述应用红外光谱进行定性分析的过程。
2. 醇类、羧酸和酯类化合物的红外光谱图有何区别？

第三节　分子荧光光谱法

物质的基态分子吸收光能被激发到较高电子能态，受激分子的电子自旋状态不发生改变，由第一电子激发单重态的最低振动能级迅速跃迁回基态的任一振动能级所发出的光辐射称为分子荧光。

由于不同的物质其组成和结构不同，分子对光的吸收具有选择性，因此荧光的激发和发射光谱是荧光物质的基本特征，可用于鉴别荧光物质，并作为荧光测定时选择激发波长和发射波长的依据。通常用 λ_{ex} 和 λ_{em} 分别表示最大激发波长和最大发射波长，利用这两个特性参数进行物质的定性鉴别。

在 λ_{ex} 和 λ_{em} 及实验条件（激发光强度、所用溶剂、温度等）一定时，荧光物质在一定的浓度范围内，其发射的荧光强度（I_f）与溶液中该物质的浓度成正比，关系如下：$I_f = Kc$。式中，I_f 为荧光强度；c 为能发荧光物质的浓度；K 为一定条件下的常数。利用物质的荧光强度与浓度成正比可对该物质进行定量分析。需要指出的是，物质浓度较低时上述定量关系式才能成立。

能发荧光的物质分子结构通常具有如下特征：具有大的共轭结构，具有刚性平面，取代基团为给电子取代基。影响荧光强度的环境因素包括溶剂、温度、介质 pH 和黏度、荧光猝灭（动态猝灭、静态猝灭和荧光物质自猝灭）等。

分子荧光光谱法具有灵敏度高、选择性好、样品用量少和操作简便等特点，它的灵敏度通常比分光光度法高 2～3 个数量级，在环境、食品药品分析、生化/卫生/临床检验等方面应用广泛。

1. 荧光分析仪结构

（1）结构组成

常用的荧光分析仪由激发光源、激发光 & 发射光单色器、样品池、检测器和信号记录系统五部分构成，如图 2-6 所示。

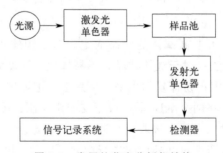

图 2-6　常用的荧光分析仪结构

（2）仪器部件

① 光源：在荧光光谱仪中常用高压汞灯或氙弧灯作光源。

② 单色器：荧光光谱仪采用两个光栅单色器，可获得激发光谱和荧光光谱。

③ 检测器：荧光光谱仪采用光电倍增管作检测器。

2. Cary Eclipse（美国 Agilent 公司）荧光光谱仪操作程序

（1）开机

开 Cary Eclipse 主机（注意：保证样品室内是空的），开电脑进入 Windows 系统。

（2）进入浓度主菜单

双击"Cary Eclipse"图标。在"Cary Eclipse"主显示窗下，双击所选图标（Concentration 为例）。进入浓度主菜单（详见后面浓度软件中文说明）。

（3）新编一个方法步骤

① 单击"Setup"功能键，进入参数设置页面。

② 按 Cary Control→Options→Accessories→Standards→Samples→Reports→Auto store 顺序，设置好每页的参数。然后按"OK"键回到浓度主菜单。

③ 单击"View"菜单，选择好需要显示的内容。基本选项 Toolbar、Buttons、Graphics、Report。

④ 单击"Zero"放空白到样品室内→按"OK"键。

提示：Load blank press OK to read（放空白按"OK"键进行读数）。

⑤ 单击"Start"，出现"标准/样品"选择页。

Solutions Available（溶液有效）。此左框中的标准或样品为不需要重新测量的内容。

Selected for Analysis（选择分析的标准和样品）。此右框的内容为准备分析的标准和样品。

⑥ 按"OK"键进入分析测试。

Present std1（1.0 g/L）　提示：放标准 1 然后按"OK"键进行读数。

Press OK to read　　　 提示：放标准 2 按"OK"键进行读数，直到全部标准读完。

⑦ Present Sample1 press OK to read　提示：放样品 1 按"OK"键开始读样品，直到样品测完。

⑧ 为了存标准曲线在方法中，可在测完标准后，不选择样品而由"File"文件菜单中存此编好的方法。以后调用此方法，标准曲线一起调出。

（4）运行一个已存的方法（方法中包含标准曲线）

① 单击"File"→单击"Open Method"→选调用方法名→单击"Open"。

② 单击"Start"开始运行调用的方法。如用已存的标准曲线，在右框中将全部标准移到左框。按"OK"键进入样品测试。

③ 按提示完成全部样品的测试。

④ 按"Print"键打印报告和标准曲线。

⑤ 如要存数据和结果，单击"File"文件。选"Save Data As…"在下面

"File name"中输入数据文件名，单击"Save"。

全部操作完成。

其他软件包如 Scan 软件操作步骤相同，具体内容有些差别，请按屏幕提示操作。

3. 荧光光谱仪使用注意事项

① 仪器预热 10～15 min，使光源发光稳定后开始测试。氙灯点亮瞬间的高压会产生臭氧，实验室注意通风。

② 要按照仪器使用规定操作，不可随意操作。任何溢出于样品室的样品需马上擦拭干净。测试结束后及时关闭仪器，延长灯的寿命。灯及测试窗口必须保持清洁，一旦污染，应尽快用无水乙醇擦拭干净。

③ 使用石英荧光皿时，要注意勿用手直接触摸荧光皿表面，应握住侧棱。若荧光皿外表面黏附了溶液，应立即用专用擦镜纸吸干净后再检测。通常固定一个插放方向，避免透光面反复摩擦。样品溶液使用后立即清洗干净，冷风吹干，保存。

分子荧光光谱仪

实验 8　分子荧光光谱法测定阿司匹林片中乙酰水杨酸和水杨酸含量

一、实验目的

1. 掌握荧光分光光度法的基本原理和仪器的操作。
2. 掌握利用荧光分光光度法进行多组分含量测定的原理及方法。

二、实验原理

乙酰水杨酸（也称为阿司匹林）水解能生成水杨酸，故乙酰水杨酸中或多或少地存在水杨酸。由于二者都有苯环，具有一定的荧光效率，可以用分子荧光光谱法测定。在 1％（体积分数）乙酸-氯仿溶剂体系中，乙酰水杨酸和水杨酸的最大激发波长和最大发射波长均不相同，可利用此特点，在其各自的激发波长和发射波长下分别测定二者的含量。加少量乙酸可增强二者的荧光强度。

为了消除药片之间的差异，可取 5～10 片药片一起研磨成粉末，然后取一定量有代表性的粉末试样（相当于 1 片的量）进行分析。

三、仪器、试剂与材料

仪器：荧光分光光度计；分析天平；石英荧光皿；容量瓶（50 mL、100 mL、1000 mL）；吸量管（10 mL）；滤纸。

试剂与材料：乙酰水杨酸；水杨酸；乙酸；氯仿；阿司匹林药片。

四、实验步骤

1. 标准溶液的配制

乙酰水杨酸储备液：称取 0.4000 g 乙酰水杨酸溶于 1％乙酸-氯仿溶液中，用 1％乙酸-氯仿溶液定容于 1000 mL 容量瓶中。

水杨酸储备液：称取 0.7500 g 水杨酸溶于 1％乙酸-氯仿溶液中，并用 1％乙酸-氯仿溶液定容于 1000 mL 容量瓶中。

2. 激发光谱和发射光谱的绘制

将乙酰水杨酸和水杨酸储备液分别稀释 100 倍（可每次稀释 10 倍，分两次完成）。用该溶液分别绘制乙酰水杨酸和水杨酸的激发光谱和发射光谱，并分别确定它们的最大激发波长和最大发射波长。

3. 标准曲线的绘制

乙酰水杨酸标准曲线：5 个 50 mL 容量瓶中，用吸量管分别加入 4.00 μg/mL 的乙酰水杨酸溶液 2.00 mL、4.00 mL、6.00 mL、8.00 mL、10.00 mL，用 1％乙酸-氯仿溶液稀释至刻度，摇匀。在选定的激发波长和发射波长下分别测量它们的荧光强度。

水杨酸标准曲线：在 5 个 50 mL 容量瓶中，用吸量管分别加入 7.50 μg/mL 的水杨酸溶液 2.00 mL、4.00 mL、6.00 mL、8.00 mL、10.00 mL，用 1‰乙酸-氯仿溶液稀释至刻度，摇匀。在选定的激发波长和发射波长下分别测量它们的荧光强度。

4. 阿司匹林药片中乙酰水杨酸和水杨酸含量的测定

将 5 片阿司匹林药品称量后研磨成粉末，准确称取 0.4000 g，用 1‰乙酸-氯仿溶液溶解，全部转移至 100 mL 容量瓶中，用 1‰乙酸-氯仿溶液稀释至刻度。迅速用滤纸过滤，该滤液在与标准溶液相同的条件下测量水杨酸的荧光强度。

将上述滤液稀释 1000 倍（可每次稀释 10 倍，分三次稀释完成），在与标准溶液相同的条件下测量乙酰水杨酸的荧光强度。

注意事项：阿司匹林药片溶解后，必须在 1 h 内完成，否则乙酰水杨酸的含量会降低。

五、数据记录与处理

1. 从绘制的乙酰水杨酸和水杨酸激发光谱和发射光谱曲线上，确定它们的最大激发波长和最大发射波长。

名称	最大激发波长/nm	最大发射波长/nm
乙酰水杨酸		
水杨酸		

2. 分别绘制乙酰水杨酸和水杨酸的标准曲线，并从标准曲线上确定试样溶液中乙酰水杨酸和水杨酸的浓度，计算每片阿司匹林药片中乙酰水杨酸和水杨酸的含量，并将测定值与说明书上的数值进行比较。

乙酰水杨酸浓度/(μg/mL)	荧光强度	平均值	平均偏差

水杨酸浓度/(μg/mL)	荧光强度	平均值	平均偏差

乙酰水杨酸标准曲线：

水杨酸标准曲线：

六、思考题

1. 写出乙酰水杨酸的水解方程式，并阐述本实验可在同一溶液中分别测定两种组分的原因。

2. 为什么用 1％（体积分数）乙酸的氯仿溶液配制储备液和标准溶液？

3. 比较稀溶液和浓溶液的荧光光谱形状，解释其原因。

4. 在荧光测定中，激发光的入射与荧光的接收不在一条直线上，而是呈一定的角度，解释原因。

实验 9　分子荧光光谱法测定复合维生素 B 片中维生素 B_2 含量

一、实验目的

1. 了解分子荧光分析法的原理；熟悉荧光分光光度计的操作技术。
2. 学习荧光激发和发射最佳波长的确定；学习荧光法测定维生素 B_2 的方法。

二、实验原理

分子荧光光谱法是利用某些物质分子受光照射时所发射的荧光的特性和强度，进行物质的定性分析或定量分析的方法。

1. 分子荧光产生的原理

当物质分子吸收某些特征频率的光子后，可由基态跃迁至第一或第二电子激发态中不同振动能级和不同转动能级。处于激发态的分子通过无辐射弛豫（例如，与其他分子碰撞过程中消耗能量等）到达第一电子激发态的最低振动能级，然后再以辐射弛豫的形式跃迁到基态中各个不同的振动能级上，发出分子荧光。

几乎所有物质分子都有吸收光谱，但不是所有物质都会发荧光。产生荧光必须具备以下条件：①该物质的分子必须具有能吸收激发光的结构，通常具有共轭双键结构；②该分子必须具有一定程度的荧光效率。大多数含芳香环、杂环的化合物能发出荧光。共面性高的刚性多环不饱和结构的分子有利于荧光的发射。许多吸光物质并不产生荧光，主要是因为它们将所吸收能量消耗于与溶剂分子或其他分子之间的相互碰撞中，还可能消耗于一次光化学反应中，因而无法发射荧光，即荧光效率很低。

2. 荧光的记录方法——激发光谱与发射光谱

激发光谱（吸收光谱）：固定荧光发射波长，连续改变激发光波长，测定不同激发光波长下物质发射的荧光强度（I），作 I-λ 光谱图称激发光谱。从激发光谱图上可找出发射荧光强度最强的激发波长 λ_{ex}，选用 λ_{ex} 可得到强度最大的荧光。

发射光谱（荧光光谱）：选择 λ_{ex} 作激发光波长，记录不同发射波长下的 I，作 I-λ 光谱图称为荧光光谱。荧光光谱中荧光强度最强的波长为 λ_{em}。λ_{ex} 与 λ_{em} 一般为定量分析中所选用的最灵敏的波长。

发射光谱和激发光谱的形状相似，但却呈镜像对称关系。激发光波长和发射光波长的选择是本实验的关键。紫外-可见光区荧光是由第一电子激发单重态的最低振动能级跃迁至基态的各个振动能级产生，而与荧光物质分子被激发至哪一个能级无关。因此，荧光发射光谱的形状与激发光的波长无关（量子点荧光除外）。

3. 荧光光谱法用于定性和定量分析

荧光分析是利用某些物质被短波长光激发后产生特征性波长较长的荧光，根据荧光激发光谱和发射光谱进行物质的鉴定，根据荧光强度进行定量分析。

当实验条件一定时，稀溶液中荧光物质的荧光强度 I 与其浓度呈线性关系：$I_f = Kc$，这是荧光光谱法定量分析的理论依据。

4. 维生素 B_2 结构及其荧光性质

维生素 B_2（又叫核黄素，简称 VB_2）是机体中许多重要辅酶的组成部分，它在生物氧化中起着重要作用。当人体缺乏维生素 B_2 时，代谢作用发生障碍。维生素 B_2 是橘黄色无臭的针状结晶，由于分子中有三个芳香环，具有平面刚性结构，因此它能够发射荧光。维生素 B_2 易溶于水而不溶于乙醚等有机溶剂，在中性或酸性溶液中稳定，光照易分解，对热稳定。维生素 B_2 的结构式如下：

维生素 B_2

维生素 B_2 溶液在 $430 \sim 440$ nm 蓝光的照射下，发出绿色荧光，荧光峰在530 nm 附近。维生素 B_2 的荧光在 pH $6 \sim 7$ 时最强且稳定，其荧光强度与维生素 B_2 溶液的浓度呈线性关系，因此可以用荧光光谱法测维生素 B_2 的含量。维生素 B_2 在碱性溶液中经光线照射会发生分解而转化为光黄素，光黄素的荧光比核黄素的荧光强得多，故测维生素 B_2 的荧光时溶液要控制在酸性范围内，且在避光条件下进行。

复合维生素 B 片中含有维生素 B_1、维生素 B_2、维生素 B_6、烟酰胺、泛酸钙、玉米淀粉、蔗糖、糊精、酒石酸、十二烷基磺酸钠及硬脂酸镁。其中，维生素 C 和葡萄糖在水溶液中不发荧光；维生素 B_1 本身无荧光，在碱性溶液中用铁氰化钾氧化后才产生荧光；维生素 B_6、烟酰胺、泛酸钙、玉米淀粉、蔗糖、糊精、酒石酸、十二烷基磺酸钠及硬脂酸镁在 $430 \sim 440$ nm 蓝光的照射下无荧光，它们都不干扰维生素 B_2 的测定。

5. 影响荧光的主要因素

溶剂：同一荧光物质在不同的溶剂中可能表现出不同的荧光性质。溶剂的极性增强，对激发态会产生更大的稳定作用，结果使物质的荧光波长红移，荧光强度增大。

温度：升高温度会使非辐射跃迁概率增大，荧光效率降低。

pH：大多数含有酸性或碱性取代基团的芳香族化合物的荧光性质受 pH 影响很大。

溶液中溶解氧的存在：由于氧分子的顺磁性质，使激发单重态分子向三重态的体系间窜跃速率加大，因而会使荧光效率降低。

三、仪器、试剂与材料

仪器：Cary Eclipse 荧光分光光度计；离心机；石英比色皿（1 cm）；吸量管（5 mL）；棕色容量瓶（500 mL）；比色管（10 mL）。

试剂与材料：10.0 μg/mL 维生素 B_2 标准溶液（阴暗处保存）；5% 乙酸溶液（AR）；复合维生素 B 片。

四、实验步骤

1. 10.0 μg/mL 维生素 B_2 标准溶液的配制

准确称取 5.0 mg 维生素 B_2 标准品，用 5% 乙酸溶液溶解后，转入 500 mL 的棕色容量瓶中，用 5% 乙酸溶液稀释至刻度，混匀，置于暗处保存。

2. 标准系列溶液的配制

在 7 个干净的 10.0 mL 比色管中，分别吸取 0.00 mL、0.50 mL、1.00 mL、2.00 mL、3.00 mL、4.00 mL 和 5.00 mL 维生素 B_2 标准溶液（从左到右依次编号为 0～6），用 5% 乙酸溶液稀释至刻度，混匀。

3. 最佳激发波长和最佳发射波长的测定

用石英荧光比色皿作为吸收池，设置 540 nm 为发射波长，在 290～520 nm 范围内扫描 6 号标准溶液的激发光谱，找出 λ_{ex}。然后设置 λ_{ex} 为激发波长，在 460～800 nm 范围内扫描 6 号标准溶液发射光谱，找出 λ_{em}。如此重复，直至找出镜像对称的最大激发波长和最大发射波长。

4. 标准溶液荧光强度的测定

用石英荧光比色皿作为吸收池，以 λ_{ex}（参考 446 nm）为激发波长，从稀到浓测量系列标准溶液在 λ_{em} 处的荧光发射强度（每个浓度平行测 3 次）。

5. 未知试样的测定

准确称取一片复合维生素 B 片，记录准确质量，研磨后用 5% 乙酸溶液溶解，并定容至 500 mL 容量瓶中，混匀。取部分样品溶液离心后，准确移取 n mL（$n=$ 1.00～3.00）上清液，再用 5% 乙酸溶液稀释定容至 10.0 mL，混匀。用石英荧光比色皿作为吸收池，以 λ_{ex}（参考 446 nm）为激发波长，测定与标准系列相同条件下样品溶液在 λ_{em} 处的荧光发射强度（平行测定 3 次）。

五、数据记录与处理

1. 维生素 B_2 荧光激发和荧光发射光谱图
2. 用标准系列溶液的荧光发射强度绘制标准工作曲线

浓度/(μg/mL)	荧光发射强度(I)			
	1	2	3	平均值
0.00				
0.50				
1.00				
2.00				
3.00				
4.00				
5.00				

3. 标准工作曲线

其中包括一元线性回归方程和相关系数。

4. 未知样品浓度的测定

根据待测液的荧光强度，从标准工作曲线上求得其浓度，并计算出试样中维生素 B_2 的含量。

编号	1	2	3	平均值
I				
c_x/(μg/mL)				
试样中维生素 B_2 含量/(mg/片)				

$$m_{VB_2} = c_x \times \frac{10.0 \text{ mL}}{n} \times 500.0 \text{ mL} \times 10^{-3} = \qquad \text{mg/片}$$

六、思考题

1. 简述荧光分析法的特点，试解释荧光光度法比分光光度法灵敏度高的原因。

2. 维生素 B_2 在 pH 6～7 时荧光最强，本实验为何在酸性溶液中测定？

3. 比较荧光分光光度计与紫外-可见分光光度计仪器的结构，分析两种仪器的光路有哪些区别？

实验 10　基于化学反应选择性荧光检测微量间苯二酚

一、实验目的

1. 掌握荧光分光光度计的操作技术，学习荧光激发和发射最佳波长的确定。

2. 了解快速偶联反应的荧光原理，学习荧光法测定环境污染物间苯二酚的方法。

二、实验原理

环境污染物的有效监测对人类健康与生态安全至关重要。间苯二酚（RS）、邻苯二酚（CC）和对苯二酚（HQ）是重要的工业化学原料，经常应用于染料、化妆品、药品、抗氧化剂、农药、橡胶、塑料、显影剂、光稳定剂和革制品等工农业生产。RS、CC 和 HQ 具有水溶性、毒性和降解性低等特点，属于第二类环境污染物。RS 作为苯二酚类异构体之一，可引起血管神经性水肿、湿疹、荨麻疹等多种疾病。长期暴露于 RS 会抑制人体甲状腺激素的合成，导致严重血液学异常或上消化道癌变，甚至导致胎儿死亡。世界卫生组织制定了 RS 对人类健康危害应急措施。然而，异构体 RS、CC 和 HQ 的结构和性质非常相似，选择性识别异构体是一个具有挑战性的课题。

本实验采用一种简单、灵敏、高效的方法选择性地检测异构体中 RS。在碱性条件下，RS 与多巴胺（DA）发生化学反应，快速偶联生成发蓝色荧光的物质 Azamonardine（AZMON），如图 2-7 所示。

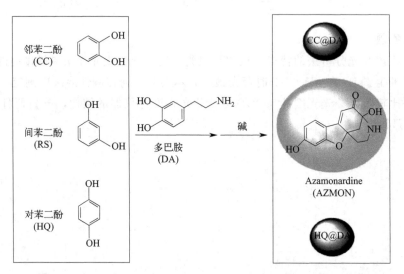

图 2-7　在 CC 和 HQ 共存下 RS 与 DA 的选择性偶联反应示意图

AZMON 在 460 nm 处的荧光强度与 RS 的浓度在一定范围内线性相关，可检测痕量 RS。在紫外灯下，溶液荧光强度随 RS 浓度增加而逐渐增强，如图 2-8 所示，肉眼最低可识别 50.0 nmol/L RS。

c_{RS}/(μmol/L)：0，0.001，0.005，0.01，0.05，0.1，0.2，0.4，0.6，0.8，1.0，2.0

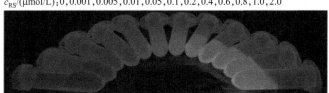

图 2-8　不同浓度 RS 与多巴胺反应后的溶液在紫外灯下的荧光照片

三、仪器、试剂与材料

仪器：Cary Eclipse 荧光分光光度计；石英荧光比色皿（3 mL）；棕色容量瓶（2 支 100 mL）；移液枪（100 μL、1 mL）；EP 管（2 mL）。

试剂与材料：10.0 μmol/L 标准 RS 溶液；10.0 μmol/L DA 标准溶液（阴暗处保存）；$NaHCO_3/Na_2CO_3$ 缓冲液（pH 11.0）。

四、实验步骤

1. DA 与 RS 标准储备液的配制

分别准确称取适量 DA 标准品和 RS 标准品，各自用去离子水溶解后，转入 100 mL 的棕色容量瓶中，用去离子水稀释，混匀，制得一系列 1.0 μmol/L～1.0 mmol/L 标准储备液，冰箱冷藏避光保存。

2. 标准系列溶液的配制

在 12 个洁净的 2.0 mL EP 管中，分别加入 10 μL DA 标准溶液（1.0 mmol/L）和 10 μL 不同浓度的 RS 标准溶液（1.0 μmol/L～1.0 mmol/L），用 pH 11.0 $NaHCO_3/Na_2CO_3$ 缓冲液稀释定容，室温反应 2 min，直接用于荧光测试。

3. 最大激发波长和最大发射波长的测定

选择上述反应溶液之一，用于测定 AZMON 的最大激发波长和最大发射波长。在 360～440 nm 范围内改变激发波长，扫描溶液的发射光谱，找出最大发射波长。再设置最大发射波长，扫描激发光谱，得到一对镜像对称的谱图，即可确定最大激发波长和最大发射波长，如图 2-9 所示。

4. 标准溶液荧光强度的测定

以上述确定的最大激发波长（参考：420 nm），从低浓度到高浓度依次测定上述标准系列溶液在最大荧光发射波长（参考：460 nm）处的强度，每个浓度测 3 次。

5. 样品溶液荧光强度的测定

以上述确定的最大激发波长（参考：420 nm），测定样品溶液在 460 nm 处的荧光发射强度，每个浓度测 3 次。

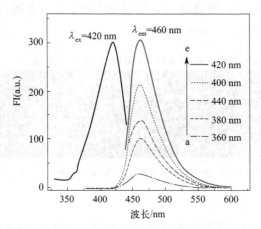

图 2-9　AZMON 的荧光发射光谱（激发波长：360～420 nm）及其最佳激发光谱

6. 加标回收率实验

在样品溶液中加入不同体积的 RS 标准溶液（1.0 μmol/L），然后用 pH 11.0 $NaHCO_3/Na_2CO_3$ 缓冲液稀释定容，室温反应 2 min。按照上述程序测定这些混合物溶液的荧光发射强度，并计算加标回收率。

五、数据记录与处理

1. 反应产物的荧光激发和荧光发射光谱图

2. 标准系列溶液的荧光发射强度

RS 浓度/(μmol/L)	荧光发射强度(I)			
	1	2	3	平均值
0.0				
0.001				
0.005				
0.01				
0.05				
0.1				
0.2				
0.4				
0.6				
0.8				
1.0				
2.0				

3. 样品溶液的荧光发射强度

样品溶液编号	加入 RS 标液浓度/(μmol/L)	荧光发射强度(I)			
		1	2	3	平均值
1	0				
2	0				
3	0				
4	0.005				
5	0.05				
6	0.5				

4. 工作曲线

5. 样品溶液中 RS 浓度及加标回收率

六、思考题

1. 简述此荧光分析法的特点，试解释化学反应类荧光光度法的优点。

2. RS 在 pH＝11 时荧光最强，本实验为何选择 $NaHCO_3/Na_2CO_3$ 缓冲液？

3. 简述 Azamonardine（AZMON）能发荧光的原理。

第四节　原子光谱法

绝大多数的化合物在加热到足够高的温度时可解离成气态原子或离子。其中，气态自由原子在外界作用下，既能发射也能吸收具有特征的谱线而形成谱线很窄的锐线光谱。原子光谱法根据原子特征谱线的波长进行定性，根据特征谱线的强度进行定量，从而分析试样的元素组成和含量。原子光谱法包括原子吸收光谱法（AAS）、原子发射光谱法（AES）和原子荧光光谱法（AFS）。AAS 是利用原子对辐射的吸收性质而建立起来的分析方法，主要用于微量单元素的定量分析。AES 是利用原子对辐射的发射性质而建立起来的分析方法，主要用于微量元素的定性和定量分析。AFS 利用原子对辐射激发的再发射性质而建立起来的分析方法，主要用于痕量元素的定量分析。

一、原子吸收光谱法

原子吸收光谱法又称为原子吸收分光光度法或原子吸收法，是基于物质的原子蒸气对同种原子发射的特征辐射（谱线）的吸收作用而建立起来的分析方法。原子吸收分光光度计是使物质产生原子蒸气并对特定谱线产生吸收，从而进行定量分析的装置。

1. 原理

用（锐线光源）同种原子发射的特征辐射照射试样溶液被雾化和原子化的原子蒸气层，测量（特征辐射）透过的光强或吸光度，根据吸光度对浓度的关系计算试样中被测元素的含量。

2. 实验技术

包括分析方法的选择、样品处理、测量条件的选择和实验结果的评价等方面。

（1）样品处理

① 试样的分解与预处理。

② 试剂的配制：一方面要根据所选的分析方法和原子化法的要求，另一方面又要根据待测元素的性质和消除各种可能的干扰因素来配制。

原子吸收光谱法中有四种主要干扰，即电离干扰、化学干扰、物理干扰和光谱干扰。

（2）测定条件的选择

① 吸收波长（分析线）的选择：通常选择待测元素的共振线作为分析线。但测量浓度较高或稳定性差时，可选用次灵敏线。

② 狭缝宽度的选择：不引起吸光度减少的最大狭缝宽度，即为应选取的适合狭缝宽度。无邻近干扰线时，可选择较宽的狭缝，否则选择较小的狭缝。

③ 空心阴极灯工作条件的选择

ⅰ预热时间　空心阴极灯点燃后，由于阴极受热蒸发产生原子蒸气，其辐射的锐线光经过灯内原子蒸气再由石英窗射出。使用时为使发射的共振线稳定，必须对灯进行预热。

空心阴极灯使用前，若在施加1/3工作电流的情况下预热0.5～1.0 h，并定期活化，可增加使用寿命。

ⅱ 工作电流　空心阴极灯上都标有最大使用电流（额定电流，约为5～10 mA），对大多数元素，日常分析的工作电流应保持在额定电流的40％～60％较为合适，可保证稳定、合适的锐线光强输出。通常对于高熔点的镍、钴、钛、锆等的空心阴极灯使用电流可大些，对于低熔点易溅射的铋、钾、钠、铷、铯、镓等的空心阴极灯，使用电流以小为宜。

④ 原子化条件的选择

ⅰ 火焰原子化法　在火焰原子化法中，火焰类型和性质是影响原子化效率的主要因素。

ⅱ 石墨炉原子化法　在石墨炉原子化法中，合理选择干燥、灰化、原子化及净化温度与时间是十分重要的。

⑤ 进样量的选择

进样量小，吸收信号弱，不便于测量；进样量过大，在火焰原子化法中，对火焰产生冷却效应，在石墨炉原子化法中，会增加除残的困难。

在实际工作中，应测定吸光度随进样量的变化，达到最满意的吸光度的进样量，即为应选择的进样量。

⑥ 观测高度的选择

观测高度：燃烧器高度。

调节燃烧器高度，控制光束通过自由原子浓度最大的火焰区，提高灵敏度和测量稳定性。

旋转燃烧器的角度（改变吸收光程），降低灵敏度，如测定高浓度试样溶液。

3. 定量分析方法

（1）标准曲线法

原子吸收光谱分析的标准曲线法和分光光度法相似：先根据样品实际情况配制一组浓度适宜的标准溶液，在选定的分析条件下，分别测出各溶液的吸光度。再以各溶液吸光度 A 对浓度 c 作图，绘制出 A-c 标准曲线（见图2-10）。然后在相同条件下测定未知试样溶液的吸光度，最后从标准曲线上查出该吸光度对应的浓度，通过计算可求出试样中待测元素的含量。标准曲线法常用于未知试液中共存的基本成分较为简单的情况。具体步骤如下：

① 配制一组浓度合适的标准溶液；

② 浓度由低到高分别测定吸光度；

③ 以浓度为横坐标，吸光度为纵坐标，制作标准曲线。

④ 在相同条件下，测定试样溶液的吸光度；

⑤ 由标准曲线查出试样溶液中待测元素的浓度。

（2）标准加入法

若试样基体组成复杂，且基体成分对测定又有明显干扰时，则应采用标准加入法进行定量分析。其做法是：取 4～5 份相同体积的待测元素试液，从第 2 份起分别加入同一浓度不同体积的待测元素的标准溶液，然后稀释定容。在选定条件下依次测定各试液的吸光度，以标准溶液吸光度 A 对浓度 c 作图，绘制出 A-c 的关系曲线（如图 2-11）。将此曲线向左作反向延长线与横坐标的交点 c_x，此点与横坐标原点的距离，即为试样中待测元素的浓度。标准加入法可消除大部分基体干扰，适用于少量复杂样品的分析。

具体步骤如下：

① 取若干份体积相同的试液（c_x），依次按比例加入不同量的待测物标准溶液（c_0）；

② 定容后浓度依次为：c_x，$c_x + c_0$，$c_x + 2c_0$，$c_x + 3c_0$……

③ 分别测得吸光度为：A_x，A_1，A_2，A_3，……

④ 以 A 对浓度 c 作图，图中 c_x 点即为待测溶液的浓度。

使用标准加入法时的注意事项：

① 此法可消除基体效应带来的影响，但不能消除分子吸收、背景吸收的影响；

② 应保证标准曲线的线性，否则曲线外推易造成较大的误差。

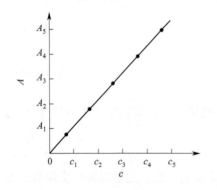

图 2-10　标准曲线法

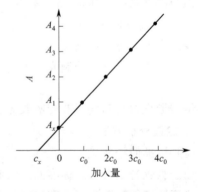

图 2-11　标准加入法

使用该法应注意：①该法仅适用吸光度和浓度呈线性的区域，标准曲线通过原点的曲线；②为得到精确外推结果，至少用 4 点（包括未加标准试样的试样溶液），同时首次加入标准浓度（c_0）最好与试样浓度大致相当。加入标准试样的量要适当，否则直线斜率过大或过小均引入误差；③标准加入法只能消除物理干扰和轻微与浓度无关的化学干扰，不能消除与浓度有关的化学干扰、电离干扰、光谱干扰、背景干扰等。

二、原子发射光谱法

原子发射光谱法是利用物质受到热能或电能作用产生气态原子或离子并且由基态跃迁到激发态，再迅速回到基态，同时发射出特征谱线，利用发射的特征谱线的波长和强度进行定性和定量分析的方法。该方法具有分析速度快、选择性好、检出限低、标准曲线线性范围宽、试样消耗少、可同时测定多种元素等优点。

1. 定性分析依据及方法

不同的物质由不同元素的原子组成，不同原子的结构不同，原子被激发后其外层电子发生跃迁（遵循"光谱选律"），因此不同元素的原子产生一系列不同波长的特征谱线。选择2～3条各元素的特征谱线，可对该元素进行定性分析。

定性分析方法如下：

① 铁光谱比较法：将试样与纯铁在完全相同的条件下摄谱，将两谱片在映谱器上对齐、放大20倍，与标准谱图对比确定待测元素分析线是否存在。适用于样品全分析。

② 标准样品光谱比较法：将试样与待测元素标准样品在完全相同条件下摄谱于同一感光板上，对光谱进行比较。仅适用于少数元素鉴定。

③ 波长测定法：利用比长仪测定并计算元素谱线波长；直读光谱仪可直接快速定性分析。

2. 定量分析依据及方法

待测元素特征谱线强度 I 与试样中待测元素浓度或含量 c 正相关，可用塞伯-罗马金经验公式表示：$I=ac^b$。式中，a 和 b 是常数；b 为自吸系数，当元素浓度很低、激发光源自吸效应较小时，$b=1$。谱线强度影响因素较多，直接测定谱线绝对强度难以获得准确结果，实际工作多采用内标法定量。

内标法：用待测元素和内标元素分析线对的相对强度可以准确地测定待测元素的含量。

$$R=\frac{I_1}{I_0}=\frac{a_1 c_1^b}{I_0}=Ac^b$$

式中，I_1 和 I_0 分别为待测元素和内标元素的特征谱线强度。以 $\lg R$ 对 $\lg c$ 作图绘制标准曲线，可进行定量分析。

内标元素的选择原则：内标元素含量固定，可以选择基体元素，或外加的试样中不存在的元素；内标元素与待测元素有相近的蒸发特性，激发电位相近且类型一致（均为原子线或离子线）；分析线对谱线波长、强度应尽量接近，无相邻谱线干扰，无自吸或自吸小。

标准曲线法和标准加入法操作步骤和要求同前。

三、原子荧光光谱法

原子荧光光谱法是基于气态和基态原子核外层电子吸收了特征频率的光辐射后

被激发至第一激发态或较高激发态，瞬间又跃迁回基态或较低能态并发射出特征光辐射，即产生原子荧光。原子荧光也是光致发光，当光辐射停止照射，荧光发射立刻停止。发射的荧光强度与原子化器中单位体积中该元素的基态原子数成正比。当实验条件一定时，原子荧光强度与试液中待测元素浓度成正比，即：$I_f = Kc$。式中：I_f 是原子荧光强度；c 是待测元素浓度；K 为一定条件下的常数。

原子荧光光谱法具有灵敏度高、试样量少、谱线简单、选择性好等优点，特别适用于痕量元素分析及多元素同时测定。原子荧光光谱法与原子吸收、原子发射光谱分析法互相补充，在冶金、地质、环境监测、生物医学、食品药品分析和材料科学等领域得到了广泛应用。

实验 11　火焰原子吸收光谱法测定牛奶中的钙含量

一、实验目的

1. 了解原子吸收光谱仪的主要结构及操作方法。

2. 掌握原子吸收光谱法的基本原理；掌握标准曲线法和标准加入法测定牛奶中钙含量的方法。

二、实验原理

钙（Ca）是生物体中重要的微量元素。动物体内的钙不仅参加骨骼和牙齿的组成，而且参与新陈代谢，由于新陈代谢每天都需要从食物中补充一定量的钙。因为骨骼的发育需要，青少年推荐每日摄取钙 1300 mg，成人推荐每日摄取钙 1000 mg。牛奶中含钙量丰富，其含有的乳糖能够促进人体肠壁对钙的吸收，从而调节体内钙的代谢，满足人体生长对钙的需要，是人类最好的钙源之一。除此之外，钙对维持牛奶的盐类平衡，保持牛奶体系的稳定性也发挥着至关重要的作用。因此钙是评价牛奶品质的重要指标之一。

目前，测定金属元素常用的方法有原子吸收光谱法、原子发射光谱法、原子荧光光谱法、电极法等，其中原子吸收光谱法因其具有灵敏度高、重复性好等特点而广泛应用于各类样品中微量/痕量金属元素的测定。

火焰原子吸收光谱法在常规分析中被广泛应用。火焰原子吸收光谱仪的结构及工作原理示意图如图 2-12 所示。溶液中的待测元素在火焰温度下变成原子蒸气，空心阴极灯辐射出的特征共振线在通过原子蒸气层时被强烈吸收，其吸收的程度与火焰中待测元素原子蒸气浓度的关系符合比耳定律，即：$A = \lg(1/T) = KNL$（式中，A 为吸光度；T 为透光率；L 为原子蒸气的厚度；K 为吸光系数；N 为单位体积原子蒸气中吸收辐射共振线的基态原子数，N 与溶液中待测元素浓度成正比）。当测定条件一定时，$A = Kc$（式中，c 为溶液中待测元素的浓度；K 为与测定条件有关的比例系数），这是原子吸收光谱法定量分析的基础。因此，测定出试样的吸光度 A，便可求出试样中待测元素的浓度 c。

与此同时，传统的干法灰化和湿法消化因对设备要求较低而广泛应用于样品的前处理，但这两种方法共同的缺点是耗时，费力，且易造成样品污染和损失。微波消解制样是近年来产生的一种高效的样品预处理技术，并越来越多地应用于分析领域。牛奶试样经消解处理后，加入镧溶液作为释放剂，经原子吸收火焰原子化，在 422.67 nm 处测定的吸光度值与牛奶中的钙含量在一定范围内成正比，通过与钙离子标准系列比较定量。

三、仪器、试剂与材料

仪器：原子吸收光谱仪（AAnalyst 400；配火焰原子化器，钙空心阴极灯）；

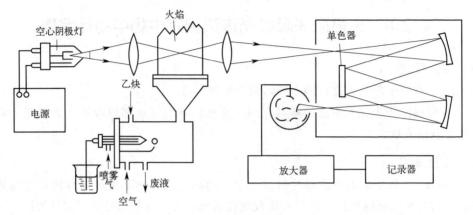

图 2-12　火焰原子吸收光谱仪的结构及工作原理示意图

分析天平；微波消解系统（配聚四氟乙烯消解内罐）；可调式电热炉；可调式电热板；恒温干燥箱。

试剂与材料：浓硝酸；高氯酸；浓盐酸；氧化镧（La_2O_3）；硝酸溶液（5＋95，1＋1，1＋5）；盐酸溶液（1＋1）；镧溶液（20 g/L：称取 23.45 g 氧化镧，先用少量水湿润后再加入 75 mL 1＋1 盐酸溶液溶解，转入 1000 mL 容量瓶中，加水定容至刻度，混匀）；碳酸钙（纯度＞99.99%）。

本方法所用试剂均为优级纯（氧化镧试剂选用色谱纯），水为 GB/T 6682—2008 中规定的二级水。所有玻璃器皿及聚四氟乙烯消解罐均需用硝酸溶液（1＋5）浸泡过夜，用自来水反复冲洗，最后用高纯水冲洗干净。

四、实验步骤

1. 仪器操作条件的选择

操作条件	参数值
吸收线波长/nm	422.67
灯电流/mA	20
狭缝宽度/nm	2.7/0.6
燃烧器高度/nm	6.0
乙炔流量/(L/min)	2.5
空气流量/(L/min)	8.0

2. 标准溶液的配制

（1）钙标准储备液（1000 mg/L）：准确称取 2.4963 g（精确至 0.0001 g）碳酸钙，加盐酸溶液（1＋1）溶解，移入 1000 mL 容量瓶中，加水定容至刻度，混匀。

（2）钙标准中间液（100 mg/L）：准确吸取钙标准储备液（1000 mg/L）10

mL 于 100 mL 容量瓶中，加硝酸溶液（5＋95）至刻度，混匀。

（3）钙标准系列溶液：分别吸取钙标准中间液（100 mg/L）0 mL、2.00 mL、4.00 mL、6.00 mL、8.00 mL、10.00 mL 于 100 mL 容量瓶中，另在各容量瓶中加入 5 mL 镧溶液（20 g/L），最后加硝酸溶液（5＋95）定容至刻度，混匀。此钙标准系列溶液中钙的质量浓度分别为 0 mg/L、2.00 mg/L、4.00 mg/L、6.00 mg/L、8.00 mg/L 和 10.00 mg/L。

3. 测定牛奶中钙含量

（1）样品预处理（微波消解）

准确移取液体试样 2.00 mL 于微波消解罐中，加入 5 mL 硝酸，按照微波消解的操作步骤消解试样。冷却后取出消解罐，在电热板上于 140～160 ℃赶酸至 1 mL 左右。消解罐放冷后，将消化液转移至 25 mL 容量瓶中，用少量水洗涤消解罐 2～3 次，合并洗涤液于容量瓶中并用水定容至刻度。根据实际测定需要稀释，并在稀释液中加入一定体积的镧溶液（20 g/L），使其在最终稀释液中的浓度为 1 g/L，混匀备用，此为试样待测液。同时做试剂空白试验。

（2）测定各溶液吸光度并绘制工作曲线。

五、数据处理

1. 结果计算

$$X = \frac{(\rho_1 - \rho_0)fV}{m}$$

式中　X——试样中钙的含量，mg/L；

　　　ρ_1——试样待测液中钙的质量浓度，mg/L；

　　　ρ_0——空白溶液中钙的质量浓度，mg/L；

　　　f——试样消化液的稀释倍数；

　　　V——试样消化液的定容体积，mL；

　　　m——试样质量或移取体积，mL。

2. 精密度测定结果

分别取两种不同钙含量的样品，于不同时间分别测定 6 次，结果记录于下表中，并计算测定结果的相对标准偏差（$n=3$），并判断是否符合 GB/T 5009.92—2016 中的精密度要求。

样品测定结果/(mg/100 mL)	平均值/(mg/100 mL)	RSD/%

3. 回收率测定结果

为考察方法的准确度，选取不同钙含量的样品，分别加入 0.4 mL 和 0.8 mL 钙标准溶液，测定 3 次，结果记录于下表中，并计算加标回收率。

本底值/(mg/100 mL)	加标量/mL	回收率/%

4. 实际样品的测定

选取不同钙含量的样本，按照前述方法测定其钙含量，并与包装上的标示值进行比较，测定结果记录于下表中。

样品号	钙含量测定值/(mg/100 mL)	钙含量标示值/(mg/100 mL)
1 号		
2 号		
3 号		
4 号		
5 号		

六、注意事项

1. 实验中用氧化镧稀释液，最好选用色谱纯，防止测定时干扰。

2. 取样量、定容体积与样品标示值相关。标示值高，可采取少取样品，加大定容体积进行测定，使样品稀释液中钙含量在标准曲线范围内。

3. 样品测定时，每测定一个样品稀释液后即测定空白溶液，以保证检测结果准确。

七、思考题

1. 标准曲线法的优点有哪些？在哪些情况下适宜采用？

2. 与配位滴定法相比，原子吸收光谱法测定牛奶中钙含量的优点和局限性有哪些？

附录：AAnalyst 400 原子吸收光谱仪操作步骤

1. 打开空压机电源，检查空气压缩机输出压力应为 0.2～0.3 MPa，并可持续供气。

2. 打开乙炔钢瓶阀门，检查乙炔钢瓶输出压力应为 0.05～0.07 MPa。

3. 打开原子吸收分光光度计电源。

4. 打开计算机电源并启动控制软件，待仪器通过自检后设置分析条件。

5. 根据所选测定元素设置好分析条件后，按照控制软件提示，进行波长定位、元素灯调节、能量自调，并做好测定前准备工作。

6. 点击"样品"图标，填入"标样浓度""浓度单位"等相关数据。

7. 进入测试页面，点击"点火"键，火焰点燃，同时在"仪器参数"页中，调节"燃气流量"使火焰呈蓝色。调节"燃烧器高度"使火焰处于光轴中心处。

8. 建立标准曲线：选择标准曲线的拟合方式。先喷空白液几分钟，观察吸光度曲线基本稳定时点击"调零"键，令此时吸光度为0.000。再点击"测量"键读数测量值列入表中，然后喷第一个标样点击"开始"键，坐标图中曲线开始生成，待稳定后点击"测量"键读取测量值列入表中。第二、第三……各标样依次类推。全部标样做完后，点击"生成曲线"键，在窗口右侧中部显示出标准曲线图及该曲线的线性相关系数 R 值，要求该值应大于0.995。如果对已建立的标准曲线不满意（如 R 值小于0.995），可以删除某一点重做该点测量值。删除方法是将光标移至拟删除的点，重新做该点测量值并读数，进而重建标准曲线。将钙标准系列溶液按浓度由低到高的顺序分别导入火焰原子化器，测定吸光度值，以标准系列溶液中钙的质量浓度为横坐标，相应的吸光度值为纵坐标，制作标准曲线。校准方程为：$y = 0.02928x + 0.00093$（$R^2 = 0.9991$）。

9. 样品测量：本测量也是在主页面窗口下进行，在完成标准曲线建立程序后，即可对样品进行测量，测定方法与测定标准样品方法相同，测定结果将列入表中。在与测定标准溶液相同的实验条件下，将空白溶液和试样待测液分别导入原子化器，测定相应的吸光度值，与标准系列比较定量。

GB/T 5009.92—2016 食品中钙的测定

实验 12　石墨炉原子吸收光谱法测定血清中铬含量

一、实验目的

1. 了解石墨炉原子化器的工作原理和使用方法。
2. 学习生化样品的分析方法。

二、实验原理

铬是一种人体必需的微量元素，像碘、锌、铁一样，它在维持人体健康方面起关键作用。铬在人体内的功能有三项：①它是活性铬-葡萄糖耐量因子（GTF）的组成成分，能协助胰岛素发挥作用，促进机体中糖、脂肪代谢的正常进行；②它是核糖核酸和脱氧核糖核酸的稳定剂；③它是某些酶的激活剂。成人体内铬总量约 6 mg。铬是以三价状态与氨基酸复合成活性铬-葡萄糖耐量因子后，由肠道吸收，才能表现出较强的生理功能。测定血清中铬含量有助于诊断铬中毒等疾病，临床上常结合尿铬含量测定。

火焰原子吸收法雾化效率低；火焰气体的稀释使火焰中原子浓度降低；高速燃烧使基态原子在吸收区停留时间短。因此，灵敏度受到限制。火焰法至少需要 0.5～1 mL 试液，对数量较少的样品，测试困难。因此，无火焰原子吸收法迅速发展，其中高温石墨炉原子化法是目前发展最快、使用最多的一种技术。

石墨炉法属于电热原子吸收法，是通过大功率电源供电加热石墨管（俗称石墨炉，图 2-13）而使其产生高温（最高 3000 ℃），通过高温和碳（石墨）裂解及其还原性，使待测金属离子变成金属原子，从而吸收其特征共振谱线的分析方法。该法的优点是利用高温（约 3000 ℃）石墨炉，使试剂完全蒸发、充分原子化，试样利用率几乎达 100%。自由原子在吸收区停留时间长，故灵敏度比火焰法高 100～1000 倍。试样用量仅为 5～100 μL，而且可以分析悬浮液和固体样品。它的缺点是干扰大，必须进行背景扣除，且操作比火焰法复杂。

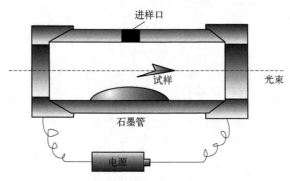

图 2-13　电热高温石墨管原子化器示意图

石墨炉升温一般有四个步骤：干燥、灰化、原子化和高温除残，其加热方式分为斜坡式和阶梯式，如图 2-14 所示。

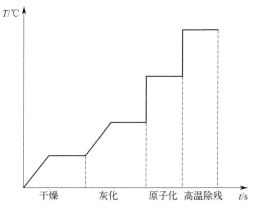

图 2-14 石墨炉程序升温示意图

干燥：温度在 100 ℃ 左右，作用是将溶液溶剂蒸发，把液体转化为固体。

灰化：温度在 300 ℃ 以上，其作用是把复杂的物质转变为简单的物质，消除有机物，把易挥发的物质赶走，减少分子吸收和低沸点无机基体的干扰，把复杂的盐转化为氧化物。

原子化：先裂解氧化物或盐，再利用高温碳（石墨）将金属离子还原成金属原子。

高温除残：利用高温灼烧和大气流将石墨管中原样品去掉，以便下一次进样测定。

用高温石墨炉法测定血清中痕量铬元素，灵敏度高，用样量少。为了减少蛋白质对血清中铬测定的干扰，本实验用硝酸沉淀血清中蛋白质的直接稀释方法。为了消除基体干扰，加入磷酸二氢铵作基体改进剂。

三、仪器、试剂与材料

仪器：AA2630 型原子吸收分光光度计；铬空心阴极灯；容量瓶；吸量管。

试剂与材料：0.1000 mg/mL 铬标准储备液；0.2% 硝酸；20 μg/mL 硝酸镁。

四、实验步骤

1. 标准系列溶液的配制

（1）由 0.1000 mg/mL 铬标准储备液逐级稀释得到 0.1000 μg/mL 铬标准溶液。

（2）在 5 个 100 mL 容量瓶中分别加入 0.1000 μg/mL 铬标准溶液 0.00 mL、0.50 mL、1.00 mL、1.50 mL、2.00 mL 和 20 μg/mL 硝酸镁 0.2 mL，用 0.2% 硝酸稀释至刻度，摇匀。

2. 设置操作条件

按仪器操作方法，启动仪器，并预热 20 min，开启冷却水和保护气体开关，操作条件如下。

波长：357.9 nm　　缝宽：0.7 nm　　灯电流：3 mA

干燥温度：100～130 ℃　　　　　　干燥时间：40 s

灰化温度：1100 ℃　　　　　　　　 灰化时间：30 s

斜坡升温灰化时间：120 s

原子化温度：2700 ℃　　　　　　　原子化时间：4 s

除残温度：2800 ℃　　　　　　　　除残时间：2 s

进行背景校正，进样量 50 μL。

3. 测量

（1）标准溶液和试剂空白：调好仪器的实验参数，自动升温空烧石墨管调零。然后从稀至浓逐个测量空白溶液和系列标准溶液：进样量 50 μL，每个溶液测定 3 次，取平均值。

（2）血清样品：血清样品加 20 μg/mL 硝酸镁 0.2 mL，用 0.2％硝酸稀释 1 倍。在同样条件下，测量血清样品三次，取平均值，每次进样 50 μL。

4. 结束

实验结束时，按操作要求，关好气源、水源和电源，并将仪器开关旋钮置于初始位置。

五、数据记录与处理

1. 绘制标准曲线，并由血清试样的吸光度从标准曲线上查得样品溶液中铬的浓度。

2. 计算血清中铬的含量（μg/mL）。

六、思考题

1. 在实验中通氩气的作用是什么？为什么要用氩气？

2. 配制标准溶液和样品溶液时，加入硝酸和硝酸镁的作用是什么？

附录：石墨炉原子吸收分光光度计的操作步骤

1. 安装好石墨炉电源后，按"控制电源"开关绿色指示灯亮，绿色灯亮起为正常。如果未能亮起，请关闭"控制电源"开关，检查电源线及保险管是否正常。如果仍不亮请不要使用！

2. 启动电源成功后，进入 AA2630 软件的主操作页面。在进行完前面的波长定位及被测元素条件设定后，开始设定石墨炉电源的实验条件。点击软件右上角的"开始"按钮，可以进入石墨炉电源的参数设定界面。

设定内容：功能、结束温度、时间、主气、小气。

功能："功能"列可在"零干斜""干燥""干灰斜""灰化一""灰灰斜""灰化二""灰原斜""过冲""原子化""干烧""等待"11 个功能项中选择，注意以上功能项的顺序不可以颠倒，但可以跳过。（附：零干斜——室温到干燥的斜坡升温过程；干灰斜——干燥到灰化一的斜坡升温过程；灰灰斜——灰化一到灰化二的斜坡升温过程；灰原斜——灰化二到原子化的斜坡升温过程）。结束温度：在 0→3000 ℃任选，当过冲、原子化选 2800 ℃以上时结束温度会变红以提示用户注意，避免由于误设定而导致烧毁石墨炉。时间：过冲 3 s 为限，它的调整可以精确到 0.1 s；原子化、干烧 1～30 s 为限；其余为 1～255 s 为限。保护气体：石墨管内的保护气分为小气和主气，是以"√"开、空白为关限制的，气体的流量可以通过流量调节开关控制。设定好实验条件后可以保存实验条件，以备以后的重复实验。

3. 设定完成后就可以点击"启动"按钮，启动石墨炉电源。开冷却水，氩气，开始实验。

实验 13　电感耦合等离子体-原子发射光谱法测定葡萄酒中多种无机元素

一、实验目的

1. 了解 ICP-AES 工作原理和使用方法。
2. 学习酒类样品中钠、镁、硅、磷、钾、钙、锰、铁、硼含量的测定方法。

二、实验原理

我国是酒的生产和消费大国，品种繁多的酒饮料为广大人民所喜爱。酿酒在我国有悠久的历史，长期以来形成了具有浓郁地方特色的酒文化习俗，因此酒也是与人们的日常生活密切相关的。各类酒中又有许多品种，种类繁多，工艺不同，产品质量参差不齐。酒的品质与原材料和酿酒工艺有关，不同原材料和生产工艺酿造的酒，其中的无机元素必然有所差异，也就是说酒的品质与酒中的无机元素含量有一定的关系。而酒中的元素也会进入饮酒者的体内，对人体健康造成影响。因此，通过检测酒中无机元素的含量来研究元素与酒的品质和人体健康的关系，具有一定的意义。

电感耦合等离子体-原子发射光谱法（ICP-AES）利用电感耦合等离子体激发光源（ICP）使试样蒸发气化、解离或分解为原子状态，原子可进一步电离成离子状态，原子及离子在光源中激发发光。利用分光系统将光源发射的光分解为按波长排列的光谱，之后利用光电器件检测光谱，根据测定得到的光谱波长对试样进行定性分析，按发射光强度进行定量分析。ICP-AES 仪器结构如图 2-15 所示。ICP 主体是一个由三层石英套管组成的炬管，炬管上端绕有负载线圈，三层管从里到外分别通载气、辅助气和冷却气，负载线圈由高频电源耦合供电，产生垂直于线圈平面的磁场。如果通过高频装置使氩气电离，则氩离子和电子在电磁场作用下又会与其他氩原子碰撞产生更多的离子和电子，形成涡流。强大的电流产生

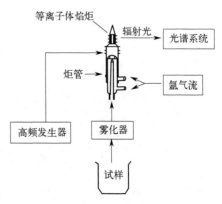

图 2-15　ICP-AES 仪器结构示意图

高温，瞬间使氩气形成温度可达 10000 K 的等离子焰炬。样品由载气带入等离子体焰炬会发生蒸发、分解、激发和电离，辅助气用来维持等离子体，需要量大约为 1 L/min。冷却气以切线方向引入外管，产生螺旋形气流，使负载线圈处外管的内壁得到冷却，冷却气流量为 10～15 L/min。本项目主要应用 ICP-AES 对葡萄酒中的多种无机元素（钠、镁、硅、磷、钾、钙、锰、铁、硼）进行同时检测。样品经酸

消解，注入电感耦合等离子体-原子发射光谱仪测定，在一定浓度范围内，其元素的发射光谱强度与待测元素含量成正比，与标准系列比较，外标法定量。

三、仪器、试剂与材料

仪器：电感耦合等离子体-原子发射光谱仪；分析天平（感量 0.1 mg）；微波消解仪；可调式电热板；恒温干燥箱；压力消解罐。

注：所有和样品接触的器皿应经硝酸溶液（20%）浸泡 24 h 以上，然后用水清洗数次。

试剂与材料：过氧化氢（30%，体积分数）；硝酸溶液（2.0%，体积分数）；使用符合要求的优级纯试剂，水为 GB/T 6682—2008 中规定的一级水。

四、实验步骤

1. 标准溶液的配制

（1）各元素的标准储备液：按照 GB/T 602—2002 分别进行配制，各元素（钠、镁、硅、磷、钾、钙、锰、铁、硼）的浓度均为 1000 mg/L，或采用有标准物质证书的单元素或多元素标准储备液。

（2）混合标准储备液：准确吸取上述 5.0 mL 钠、镁、硅、磷、钾、钙、锰、铁、硼各元素标准储备液于 50 mL 容量瓶中，用硝酸溶液（2.0%）稀释定容，配制成 100 mg/L 的混合标准储备液。

（3）系列混合标准工作溶液：准确吸取上述混合标准储备液，用硝酸溶液（2.0%）逐级稀释定容，依次配制成 0 mg/L、1.0 mg/L、5.0 mg/L、10.0 mg/L、25.0 mg/L、50.0 mg/L 的系列混合标准工作溶液，待测。

2. 样品消解

（1）压力消解罐消解法

准确吸取样品 2.5 mL 于 50 mL 消解罐中，加入 3.0 mL 硝酸（2.0%）、1.0 mL 过氧化氢（30%），置于可调式电热板上低温预消解。待黄色烟雾消失后，盖好内盖，旋紧不锈钢外套，放入恒温干燥箱中，170~180 ℃保持 3~4 h。消解结束后，待消解罐自然冷却到室温，将消解后的溶液转入 25 mL 容量瓶中，用水少量多次洗涤消解罐，洗液合并于容量瓶中，用水定容至刻度，混匀备用。同时做试剂空白。

（2）微波消解法

准确吸取 3.0~5.0 mL 样品于 50 mL 消解罐中，加入 5.0 mL 硝酸（2.0%），置于可调式电热板上低温预消解。待黄色烟雾消失后，盖好内盖，将消解罐放置于微波消解仪中，设定合适的微波消解条件（参见附录表 2-2）。消解结束后，待消解罐自然冷却到室温，将消解后的溶液转入 25 mL 容量瓶中，用水少量多次洗涤消解罐，洗液合并于容量瓶中，用水定容至刻度，混匀备用。同时做试剂空白。

3. 标准曲线的绘制

分别将系列混合标准工作溶液导入仪器中，按照仪器的参考工作条件（参见附录表 2-3 和表 2-4）测定各元素的光谱强度，以系列标准工作液中各元素的浓度为横坐标，以各元素光谱强度为纵坐标，绘制标准工作曲线。

4. 样品测定

分别将处理后的待测溶液、试剂空白导入仪器中，测定样品中各元素的光谱强度，由标准工作曲线计算待测液中各元素的浓度。

5. 结果计算

样品中钠、镁、硅、磷、钾、钙、锰、铁、硼的含量按下述公式计算：

$$X = \frac{c_2 - c_3}{n_2}$$

式中　X——样品中钠、镁、硅、磷、钾、钙、锰、铁、硼的含量，mg/L；

　　　c_2——从标准曲线上求得待测液中钠、镁、硅、磷、钾、钙、锰、铁、硼的含量，mg/L；

　　　c_3——从标准曲线上求得试剂空白中钠、镁、硅、磷、钾、钙、锰、铁、硼的含量，mg/L；

　　　n_2——样品的稀释倍数。

以重复性条件下获得的两次独立测定结果的算术平均值表示，结果保留两位有效数字。

6. 精密度

在重复性测定条件下获得的两次独立测定结果的绝对差值不应超过其算术平均值的 10%。

五、数据记录与处理

1. 合理设计表格，记录实验数据。

2. 绘制标准曲线，并由葡萄酒试样溶液的谱线强度从标准曲线上查得样品溶液相应无机元素的浓度。

3. 计算葡萄酒中几种无机元素的含量（mg/L）。

附录

表 2-2　微波消解参考条件

程序	控制温度/℃	保持时间/min
1	120	5
2	160	5
3	180	15

表 2-3　ICP-AES 参考工作条件

参数	数值	参数	数值
射频功率/W	1150	等离子体气流量/(L/min)	14.0
雾化气流量/(L/min)	1.0	积分时间/s	长波:10；短波:30
辅助气流量/(L/min)	0.2	重复次数	3
泵转速/(r/min)	100		

表 2-4　各元素分析谱线

元素	钠	镁	硅	磷	钙
谱线/nm	589.592	285.213	251.612	213.618	317.933
元素	锰	铁	钾	硼	
谱线/nm	257.610	259.940	766.491	249.773	

QB/T 4851—2015 葡萄酒中无机元素的测定方法

实验 14　原子荧光光谱法测定染料产品中的砷、汞、锑

一、实验目的

1. 了解原子荧光光谱仪的工作原理和使用方法。
2. 熟悉试样的前处理方法。
3. 学习染料产品中砷、汞、锑含量的分析方法。

二、实验原理

有害重金属元素不仅会对环境造成危害，还会对人体健康产生慢性或急性危害。在染料产品的生产加工过程中，有害重金属元素是常见的伴生物。有害重金属属于染料产品检测中必不可少的环节。我国对于染料中重金属限量都有明确的限制或禁用规定。染料产品生产企业必须根据相关标准，达到限量指标要求，方能上市销售。染料产品中重金属检测限量要求：砷限量为 50 mg/kg；汞限量为 4 mg/kg；锑限量为 50 mg/kg。

原子荧光光谱法（AFS）是介于原子发射光谱（AES）和原子吸收光谱（AAS）之间的光谱分析技术。它的基本原理是基态原子（一般蒸气状态）吸收合适的特定频率的辐射而被激发至高能态，而后激发过程中以光辐射的形式发射出特征波长的荧光。染料产品经湿法消解或微波消解处理后的试液进入原子荧光光谱仪，在酸性条件的硼氢化钾（或硼氢化钠）还原作用下，生成砷化氢、锑化氢气体和汞原子，氢化物在氩氢火焰中形成基态原子，其基态原子和汞原子受元素（砷、汞、锑）灯发射光的激发而产生原子荧光，原子荧光强度与试液中待测元素含量在一定范围内成正比。原子荧光光谱仪结构示意图如图 2-16 所示。

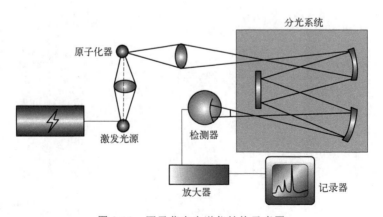

图 2-16　原子荧光光谱仪结构示意图

三、仪器、试剂与材料

仪器：原子荧光光谱仪；元素灯（砷、汞、锑）；微波消解仪；分析天平（精

度为 0.0001 g）；加热器（可调温）。

试剂与材料：过氧化氢（优级纯）；硝酸（优级纯）；高氯酸（优级纯）；混酸（高氯酸和硝酸按体积比 1∶3 混合均匀）；盐酸（优级纯）；盐酸溶液（1＋9）；硝酸溶液（1＋9）；抗坏血酸；硫脲；抗坏血酸-硫脲混合溶液（10 g 抗坏血酸和 10 g 硫脲用 100 mL 水溶解，此溶液应现配现用）；硼氢化钾；氢氧化钠；高纯氩气（纯度≥99.999％）。砷、汞、锑标准溶液：向有证标准物质供应商购买，浓度为 1.000 mg/mL，密封冷藏。

除另有规定外，本试验所用试剂均为分析纯。实验室用水均应符合 GB/T 6682—2008 中二级水的要求。实验室常用器皿应符合 JJG 196—2006 中的 A 级玻璃量器和玻璃器皿。

四、实验步骤

1. 各元素标准储备液的制备

（1）As 标准储备液的配制：用移液管吸取 As 标准溶液 1.00 mL 于 1000 mL 容量瓶中，用 0.2 mol/L 的盐酸溶液定容，配成 1.00 mg/L 的标准储备液。

（2）Hg 标准储备液的配制：用移液管吸取 Hg 标准溶液 1.00 mL 于 1000 mL 容量瓶中，用 0.2 mol/L 的硝酸溶液定容，配成 1.00 mg/L 的标准储备液。

（3）Sb 标准储备液的配制：用移液管吸取 Sb 标准溶液 1.00 mL 于 1000 mL 容量瓶中，用 0.2mol/L 的盐酸溶液定容，配成 1.00mg/L 的标准储备液。

2. 标准工作溶液的配制

按表 2-5 给出的浓度范围，配制包括空白的 4～6 个不同浓度的标准工作溶液。标准工作溶液应现配现用。

（1）砷（As）标准工作溶液的配制

分别吸取一定量的 1.00 mg/L 的砷标准储备液（如 0 mL、0.05 mL、0.10 mL、0.20 mL、0.40 mL、0.60 mL、0.80 mL、1.00 mL）于 100 mL 容量瓶中，各加入 50 mL 盐酸溶液（1＋9），再加入抗坏血酸-硫脲混合溶液 10 mL，用水定容至 100 mL。

（2）汞（Hg）标准工作溶液的配制

分别吸取一定量的 1.00 mg/L 的汞标准储备液（如 0 mL、0.05 mL、0.10 mL、0.20 mL、0.40 mL、0.60 mL、0.80 mL、1.00 mL）于 100mL 容量瓶中，各加入 50 mL 硝酸溶液（1＋9），然后用水定容至 100 mL。

（3）锑（Sb）标准工作溶液的配制

分别吸取一定量的 1.00 mg/L 锑标准储备液（如 0 mL、0.05 mL、0.10 mL、0.20 mL、0.40 mL、0.60 mL、0.80 mL、1.00 mL）于 100 mL 容量瓶中，各加入 50 mL 盐酸溶液（1＋9），再加入抗坏血酸-硫脲混合液 10 mL，用水定容至 100 mL。

表 2-5 各标准工作溶液浓度

序号	元素名称	浓度范围/(mg/L)
1	砷（arsenic，As）	0～0.01
2	汞（mercury，Hg）	0～0.005
3	锑（antimony，Sb）	0～0.01

3. 样品溶液的制备

（1）试样的前处理

① 微波消解 称取染料样品约 0.1～0.5 g（精确至 0.0001 g），置于消解内管中，加入 8 mL 浓硝酸、2 mL 过氧化氢。室温下静置过夜或将消解内管盖上内管盖，在配套的电热板上于 80～100℃预加热 20 min，让样品和浓酸及双氧水初步反应完全（至不再明显地冒烟或冒泡）。冷却至室温。然后将容器封闭，并按照微波消解仪的操作规程，置于微波消解仪内，设定适当的消解程序（例如表 2-6 所示），在微波消解仪中进行消解，消解完成，待容器冷却至室温后，打开容器。把消解溶液经充分赶酸后转移至 50mL 容量瓶中（若溶液出现浑浊、沉淀或机械性杂质，应过滤去除杂质），用水稀释至刻度。

同时按相同方法制备一空白溶液，测定时作为空白参比溶液。

② 湿法消解 称取染料试样 1 g（精确至 0.0001g），置于 150mL 锥形瓶中，加入 10 mL 盐酸和 10 mL 硝酸，将锥形瓶放在加热器上缓慢加热，直至黄烟基本消失；稍冷后加入 10 mL 高氯酸-硝酸混酸，在加热器上大火加热，至试样完全消解而得到无色或微黄透明的溶液（为此，有时需酌情补加混酸）；稍冷后加入 10 mL 水，加热至沸并进而冒白烟，再保持数分钟以驱除残余的混酸，然后冷却到室温，把溶液转移至 50 mL 容量瓶中（若溶液出现浑浊、沉淀或机械性杂质，应过滤去除杂质）。用水稀释到刻度。同时按相同方法制备一空白溶液，测定时作为空白参比溶液。消解程序如表 2-6 所示。

表 2-6 消解程序示例

阶段	温度/℃	压力/MPa	保持时间/min
1	100	2.0	2.0
2	130	3.0	2.0
3	160	3.5	3.0
4	190	4.0	3.0
5	220	4.5	5.0

（2）样品测定溶液的配制

砷测定溶液：吸取上述制得的消解溶液 20 mL 于 50 mL 容量瓶中，加入抗坏血酸-硫脲混合溶液 5mL，然后用盐酸溶液（1+9）定容，室温放置 2 h 以上或放置过夜。

汞测定溶液：吸取上述制得的消解溶液 25 mL 于 50 mL 容量瓶中，然后用硝酸溶液（1+9）定容。

锑测定溶液：吸取上述制得的消解溶液 20 mL 于 50 mL 容量瓶中，加入抗坏血酸-硫脲混合溶液 5 mL，然后用盐酸溶液（1+9）定容。

4. 测定

按原子荧光光谱仪的操作规程，按照仪器制造商提供的参数，调整仪器到最佳工作状态，按照仪器制造商提供的测定方法，配制适当浓度的硼氢化钾-氢氧化钠溶液（还原液）。执行由该仪器的操控电脑所发出的指令，同时吸入测定溶液和还原液，依次测定各标准工作溶液的荧光强度，并绘制标准工作曲线。然后测定空白参比溶液的荧光强度，再测定染料样品溶液的荧光强度（如荧光强度超出曲线上限，则吸取一定量样品溶液用空白参比溶液稀释后再重新测定）。将相关数据输入电脑，获取由电脑自动给出的列有试样中元素含量及其他数据的测定报告。

5. 结果的确定

两次平行测定结果之差不超过两次测定结果算术平均值的 10%，或≤0.1 mg/kg 时，取其算术平均值作为测定结果，如某种元素仪器给出的结果为 0 或负值，则测定结果以≤检出限和样品稀释倍数乘积的值表示。

五、数据记录与处理

1. 绘制标准曲线，根据试样溶液的荧光强度从标准曲线上查得样品溶液中 3 种重金属元素的浓度。

2. 计算染料产品中 3 种重金属（砷、汞、锑）元素的含量（mg/kg）。

GB/T 41331—2022 染料产品中砷、汞、锑的测定　原子荧光光谱法

第三章　电化学分析实验

　　电化学分析法是应用电化学的基本原理和实验技术，依据物质的电化学性质来测定物质组成及含量的分析方法。通常是使分析的试样溶液构成化学电池（原电池或电解池），然后根据所组成电池的某些物理量如两电极间的电势差、通过电解池的电流或电量、电解质溶液的电阻等与其化学量之间的内在联系进行测定的方法。电化学分析法灵敏度和准确度都很高，分析浓度范围宽，手段多样，适用于各种不同体系，并易于实现自动化和连续分析。该方法在化学研究中具有十分重要的作用。

　　按国际纯粹与应用化学联合会（IUPAC）的推荐，可将电化学分析分为三类：①不涉及双电层，也不涉及电极反应的方法，如电导分析；②涉及双电层，但不涉及电极反应，如电位分析；③涉及电极反应，如电解、库仑、极谱、伏安分析等。针对分析应用的特性和需求，通常将电化学分析按测量的电化学参数进行分类，由此得到如下常见的电化学分析方法。常见的电化学分析方法使用范围及其特点如表3-1所示。

　　（1）电导分析法　当溶液中离子浓度发生变化时，其电导也随着改变，通过测量电解质溶液的电导值来确定溶液中电解质浓度的分析方法。

　　（2）电位分析法　在电路电流接近于零的条件下，利用测得的电极电势与被测物质离子浓度的关系求得被测物质含量的方法。电位分析法又分为直接电位法和电位滴定法。直接电位法是利用专用的指示电极——离子选择性电极，选择性地把待测离子的活度（浓度）转化为电极电势加以测量，根据能斯特方程式求出待测离子的活度（浓度）的方法，也称为离子选择性电极法。电位滴定法是利用指示电极在滴定过程中电势的变化及化学计量点附近电势的突跃来确定滴定终点的滴定分析方法。

　　（3）电解分析法　将被测溶液置于电解装置中进行电解，使被测离子在电极上以金属或其他形式析出，通过称量电极表面析出物的质量以测定溶液中被测离子含量的方法，又称为电重量分析法。

　　（4）库仑法　对试样溶液进行电解，但它不需要称量电极上析出物的质量，而是测量电解过程中所消耗的电量。

　　（5）伏安法　以待测物质溶液、恒定面积的悬汞或者固体电极、工作电极和参比电极构成一个电解池，通过测定电解过程中电压-电流参量的变化（伏安曲线）

来进行定性、定量分析的方法。

（6）极谱法　是一种特殊的伏安法，以小面积、易极化的滴汞电极或其他表面能够周期性更新的液体电极为工作电极，以大面积、不易极化的电极为参比电极组成电解池，电解被分析物质的稀溶液，由所得的电流-电压曲线进行定性和定量分析的方法。

表 3-1　常见的电化学分析方法使用范围及其特点

方法	测定参数	使用范围和特点
电位分析法	电极电势	可用于微量成分的测定，可对氯离子及数十种非金属、金属离子和有机化合物进行定量测定，选择性好
直接电导分析法	电阻或电导	选择性差，仅能测定水-电解质二元混合物中电解质总量，但对水的纯度分析有特殊意义
恒电位库仑分析法	电量	不需标准试样，准确度高，选择性好
极谱分析法	极化电极电势-电流变化关系	可用于微量分析；可同时测定多种金属离子和有机化合物，选择性好
电导/电位/电流滴定法	电导/电极电势/电流的突跃变化	可用于酸碱、氧化还原、沉淀及配位滴定的终点指示，易实现自动化；电导滴定可用于测定稀的弱酸和弱碱的含量
恒电流电解分析法	以恒电流电解至完全，测质量	电解时间短，不需标准试样，准确度高，适用于高含量成分的测定，但选择性较差
控制阴极电势电解分析法	在选择并控制阴极电势的条件下进行电解至完全，测质量	较恒电流电解分析法的选择性大有提高，但分析时间较长；除用作分析外，也是重要的分离手段之一

实验 15　直接电位法测定碳酸饮料和皮蛋的 pH 值

一、实验目的

1. 学会正确使用酸度计，掌握酸度计测定溶液 pH 值的原理和方法。
2. 了解标准缓冲溶液的作用和配制方法。

二、实验原理

测定溶液 pH 值的方法最简便的有 pH 试纸法和酸碱指示剂法，但其准确度差，一般仅能准确到 $0.1 \sim 0.3$ pH 单位。而用酸度计测定准确度较高，可测定至 pH 值小数点后第二位。直接电位法测定 pH 值是测定药品水溶液氢离子浓度的一种重要方法。pH 值就是溶液中氢离子浓度（mol/L）的负对数。采用直接电位法测定 pH 值，一般将 pH 玻璃电极（图 3-1）作为指示电极，饱和甘汞电极作为参比电极，浸入被测溶液中组成原电池，可用下式表示：

$$Ag \mid AgCl \mid 0.1 \text{ mol/L HCl} \mid \underbrace{玻璃膜 \mid 试液}_{\varphi_{玻璃}} \parallel \underbrace{KCl(饱和) \mid Hg_2Cl_2(s) \mid Hg}_{\varphi_{甘汞}}$$

上述电池电动势：$E(V) = E_{SCE} - E_{玻璃} + E_{液接} = K + 0.059 \text{pH}$

式中，K 值是包括内外参比电极的电位、液接电位、离子的活度系数等的常数；0.059 为玻璃电极在 25 ℃时的理论响应斜率。直接电位法仪器结构示意图见图 3-2。

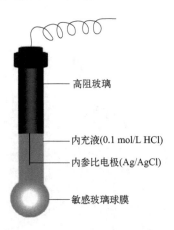

图 3-1　pH 玻璃电极结构示意图

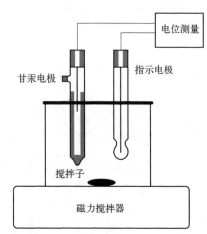

图 3-2　直接电位法仪器结构示意图

由于玻璃电极常数项无法准确测定，故用电位法测量溶液的 pH 值时，常采用相对方法，即选用 pH 值已经确定的标准缓冲溶液进行比较而得到待测溶液的 pH 值。为此，pH 值通常被定义为待测溶液电动势与标准溶液电动势差有关的函数，其关系式为：

$$pH_x = pH_s + \frac{(E_x - E_s)F}{RT\ln 10} \qquad (1)$$

式中，pH_x 和 pH_s 分别为待测溶液和标准溶液的 pH 值；E_x 和 E_s 分别为其相应电动势。该式常称为 pH 值的实用定义。

为了提高测量的准确度，需用双标准 pH 缓冲溶液法将酸度计单位 pH 的电位变化与电极的电位变化校正为一致。当用双标准 pH 缓冲溶液法时，酸度计的单位 pH 变化率 S 可校正为：

$$S = \frac{E(s,2) - E(s,1)}{pH(s,1) - pH(s,2)} \qquad (2)$$

式中，$pH(s,1)$ 和 $pH(s,2)$ 分别为标准 pH 缓冲溶液 1 和 2 的 pH 值；$E(s,1)$ 和 $E(s,2)$ 分别为其电动势。代入式(1)，得：$pH_x = pH_s + \dfrac{E_x - E_s}{S}$，从而消除了电极响应斜率与仪器原设计值不一致引入的误差。

标准缓冲溶液的 pH 值是否准确可靠，是准确测量 pH 值的关键。目前，我国所建立的 pH 标准溶液体系有 7 个缓冲溶液，其中 4 个缓冲体系常用，它们在 0～95℃范围的标准 pH 值可查阅本书附录。

制作皮蛋的主要原料包括鸭蛋、纯碱、石灰等。在一定条件下，经过一定周期即制得皮蛋。此时由于碱的作用，形成了蛋白及蛋清凝胶。可采用直接电位法测定碳酸饮料和皮蛋水溶液的 pH 值。测定前要先用已知的标准缓冲溶液对酸度计进行校正定位。测定方法可用标准曲线法或标准加入法。

三、仪器、试剂与材料

仪器：pHS-3CT 型酸度计；pH 复合电极（由 pH 玻璃电极和外参比电极复合而成）；塑料烧杯（50 mL）；温度计。

试剂与材料：无 CO_2 去离子水（将去离子水煮沸后冷却待用）；碳酸饮料；皮蛋；标准 pH 缓冲溶液体系：邻苯二甲酸氢钾标准缓冲溶液，混合磷酸盐标准缓冲溶液，硼砂标准缓冲溶液。

四、实验步骤

1. 用已知 pH 值的标准缓冲溶液校正酸度计

（1）手动温度补偿（无温度探头时用）

用温度计读出待测液的温度。按 "MODE" 键置 pH 挡，接上复合电极，清洗电极并吸干水珠，将电极插入被测溶液中，调节▲/▼滚动键，使仪器显示温度值与被测溶液温度一致。仪器显示被测溶液 pH 值。

（2）pH 校准（标定）

测定溶液 pH 前要用合适的 pH 标准缓冲溶液校正仪器，校正完毕后才能进行测定。校正方法有单标准法、双标准法和三标准法。一般采用双标准 pH 缓冲溶液法；如果要提高测量的准确度，则需要采用三标准 pH 缓冲溶液法。

同时按"MODE""CAL"键 2 s，仪器进入 3 点校准模式。按▲/▼滚动键选择 2 点或单点校准模式。

① 三点自动校准（4-7-9）：选择好校准模式后，按"CAL"键，仪器开始自动校准程序。按照仪器提示，选择对应的标准溶液。

将电极清洗干净，用干净滤纸吸干水珠，插入 pH 7 的标准缓冲溶液中，待读数稳定后按"CAL"键，仪器提示需要使用下一个溶液（pH＝4）。

将电极清洗干净并吸干水珠，插入 pH＝4 的标准缓冲溶液中，待读数稳定后按"CAL"键，仪器提示需要使用下一个溶液（pH＝9）。

将电极清洗干净并吸干水珠，插入 pH＝9 的标准缓冲溶液中，待读数稳定后按"CAL"键，仪器显示电极斜率值，然后切换到 pH 测量模式，校准结束。

② 二点校准：选择好校准模式后按"CAL"键，校准操作方式同三点校正。根据待测试样溶液的 pH 值，应选择两种 pH 值相差约 3 个单位的标准缓冲液校准，使试样溶液 pH 值介于二者之间。

③ 对于某些测量准确度要求不高，且不是强酸、强碱的情况，可采用单点校准。应选择与试样溶液 pH 值最接近的标准缓冲液校准。

2. 试样处理

将皮蛋洗净、去壳。按皮蛋与水的比例 2∶1 加入水，把皮蛋捣成匀浆。称取匀浆样 15 g（相当于样品 10 g），加水搅匀，稀至 150 mL，用双层纱布过滤，取此滤液 50 mL，待测。

3. 测 pH 值

将电极清洗干净并吸干水珠，插入待测溶液中（碳酸饮料和皮蛋溶液），待读数稳定后，仪器显示 pH 值。多次测定溶液 pH 值，求平均值。

五、数据记录与处理

溶液	混合磷酸盐标缓	硼砂标缓	邻苯二甲酸氢钾标缓	碳酸饮料	皮蛋溶液
温度					
pH					

六、注意事项

1. 复合玻璃电极球泡极薄，安装和操作时应防止碰破。

2. 校准仪器时，必须使酸度计上的温度与溶液的温度一致，以免影响实验结果。

3. 标准缓冲溶液必须按要求准确配制。每次更换标准缓冲液或试样溶液前，应用去离子水充分洗涤电极，然后将水吸干，也可用待测的标准缓冲液或试样溶液洗涤。

4. 校准时，pH 显示值稳定即可读数。

七、思考题

1. 在 pH 测定时，用标准缓冲溶液定位的目的是什么？标准缓冲液可否重复使用？

2. 在测试中为什么强调试液与标准缓冲溶液的温度相同？

3. 使用酸度计应注意哪些问题？

实验 16　离子选择性电极测定牙膏中氟离子含量

一、实验目的

　　1. 掌握直接电位分析的测定原理及实验方法；掌握用标准曲线法测定氟离子含量的方法。

　　2. 了解离子选择性电极的类型及其应用；学会正确使用氟离子选择性电极。

二、实验原理

　　氟是人体必需的微量元素之一，可以通过水、食物等多种途径进入人体，几乎人体的每个器官中都含有氟。氟在人体内主要集中在骨骼、牙齿、指甲和毛发中，尤以牙釉质中的含量最多。人体缺氟或氟过量都会对健康造成不良影响。氟可以增强牙齿钙的抗酸性，同时抑制细菌发酵产生酸，因此能够坚固骨骼和牙齿，预防龋齿。但高浓度的氟对人体的危害很大，轻则影响牙齿和骨头的发育，重则会引起恶心、呕吐、心律不齐等急性氟中毒，如果人体每千克含氟量达到 $32 \sim 64$ mg 就会导致死亡。专家认为，饮用水中氟浓度超过 1 $\mu g/mL$ 时就会引起氟斑牙。

　　氟含量的测定方法有分光光度法、高效液相色谱法、离子选择性电极法等，其中氟离子选择性电极测定牙膏中的含氟量具有灵敏快速、操作简便、结果准确、仪器价格低廉等优点而被广泛采用。氟离子选择性电极是以氟化镧单晶片为敏感膜的指示电极（见图 3-3），对溶液中的氟离子具有良好的选择性。用氟离子选择性电极测定 F^- 含量的方法与测溶液 pH 值的方法相似。氟离子选择性电极与饱和甘汞电极组成的电池可表示为：

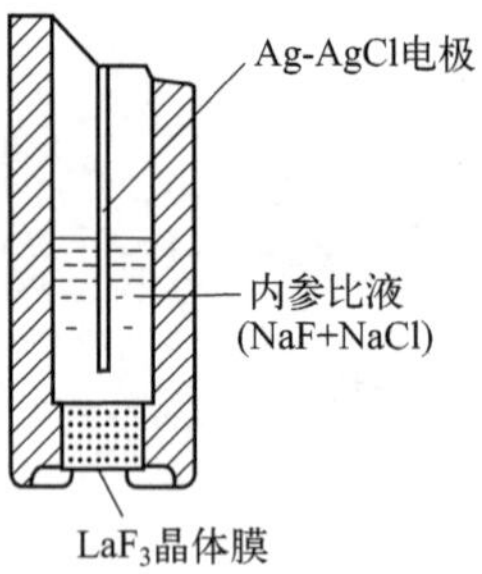

图 3-3　氟离子选择性
电极结构示意图

$$Ag \mid AgCl \mid \begin{pmatrix} 10^{-3} \ mol/L \ NaF \\ 10^{-1} \ mol/L \ NaCl \end{pmatrix} \mid LaF_3 \mid F^- 试液 \parallel KCl(饱和) \mid Hg_2Cl_2 \mid Hg$$

　　该电池电动势与溶液中氟离子活度之间有定量关系，符合能斯特公式：

$$E(电池) = E(SCE) - E(F^-) = K + \frac{2.303RT}{nF} \lg a_{F^-}$$

　　式中，0.059 为 25 ℃时电极的理论响应斜率，其他符号具有通常意义。用离子选择性电极测量的是溶液中的离子活度，而通常定量分析需要测量的是离子的浓度，不是活度。如果测量试液的离子强度维持一定，则上述方程可表示为：

$$E(电池) = K + 0.059 \lg c_{F^-} \ (V)$$

　　因此，为了测定 F^- 的浓度，常在标准溶液与试样溶液中同时加入相等的足够量的总离子强度调节缓冲溶液（TISAB），使它们的总离子强度相同。

用氟离子选择性电极测量 F^- 最适宜 pH 范围为 5～6。pH 值过低，易形成 HF_2^- 影响 F^- 的活度；pH 值过高，易引起单晶膜中 La^{3+} 水解，形成 $La(OH)_3$，影响电极的响应。氟电极选择性较高，NO_3^-、SO_4^{2-}、PO_4^{3-}、Ac^-、Cl^-、Br^-、I^-、HCO_3^- 等阴离子均不干扰 F^- 的测定。通常用 TISAB 控制溶液中的总离子强度和 pH，其中柠檬酸盐还可消除 Al^{3+}、Fe^{3+} 等的干扰。氟离子选择性电极适用的范围很宽，当 F^- 的浓度在 1.0×10^{-6}～1.0 mol/L 范围内时，氟离子选择性电极电位与 pF（F^- 浓度的负对数）呈直线关系。因此可用标准曲线法或标准加入法进行测定。

三、仪器与试剂材料

仪器：pH/mV 计；电磁搅拌器；氟离子选择性电极；饱和甘汞电极。

溶液：0.1000 mol/L 氟标准溶液　准确称取在 120 ℃ 干燥 2 h 并冷却的分析纯 NaF 4.199 g，溶于去离子水中，转入 1000 mL 容量瓶中稀释至刻度，储于聚乙烯瓶中。

总离子强度调节缓冲溶液（TISAB）：称取 NaCl 58 g，柠檬酸钠（$Na_3C_6H_5O_7\cdot2H_2O$）12 g，溶于 800 mL 去离子水中，加入 57 mL 冰醋酸，用 500 g/L NaOH 调节 pH 5～6 之间，冷至室温，用去离子水稀释至 1000 mL。

四、实验步骤

1. 预热及电极安装

接通电源，预热仪器 20 min，校正仪器，调节零点。氟电极接仪器负极接线柱，甘汞电极接仪器正极接线柱。

2. 清洗电极

取一定量去离子水于 100 mL 烧杯中，放入搅拌磁子，将两极插入去离子水中，开动搅拌器，使电位小于 −320 mV（不同类型的电极此值略不同）。若大于 −320 mV，则更换去离子水继续清洗，如此反复几次即可达到电极的空白值。

3. 工作曲线的绘制

（1）标准溶液的配制

准确移取 10.00 mL 0.100 mol/L 的氟离子标准溶液于 100 mL 容量瓶中，加入总离子强度调节缓冲溶液 20.0 mL，用去离子水稀释至刻度并摇匀，得到 pF=2.00 溶液。用逐级稀释法配制 pF=3.00、pF=4.00、pF=5.00、pF=6.00 的一组氟离子系列标准溶液（各加入 TISAB 多少毫升）。

（2）样品溶液的配制

准确称取市售含氟牙膏样品（2.0 g 左右），置于烧杯中，加入 50 ℃ 去离子水搅拌溶解，冷却后转入 250 mL 容量瓶中，加入 TISAB 50 mL，用去离子水稀释定容。

（3）空白溶液的配制

100 mL 容量瓶中加入 TISAB 20 mL，用去离子水稀释定容。

（4）测定各溶液的电位值

将标准溶液分别倒出部分于塑料烧杯中，放入搅拌磁子（注意不要让搅拌子碰到电极和滴定管），插入已经洗净的电极，开动搅拌器 5～8 min 后，搅拌至指针无明显移动（3 min 左右）时停止搅拌，每隔半分钟读取平衡电位值一次，直到 1 min 内读数变化小于 1 mV，记录读数（注意：测定时，需由低浓度到高浓度依次测定；每测量 1 份试液，无需清洗电极，只需用滤纸沾去电极上的水珠）。测量结果列表记录并绘制 E-pF 图，即得标准曲线和响应斜率 S。

清洗电极至电位小于 -320 mV。取样品溶液 50.0 mL 于塑料烧杯中，放入搅拌磁子，插入干净的电极进行测定，按标准溶液的测定步骤，测定其电位值 E_x，根据 E_x 值和标准曲线可计算样品中氟离子的含量（以 mg/g 为单位）。

4. 一次标准加入法

在上述所测样品溶液（选哪组?）中，准确加入 0.25 mL 0.01 mol/L 氟离子标准溶液，搅拌均匀，在相同条件下测量出其电位值 E_s。根据下式可计算样品中氟含量（以 mg/g 为单位）。

$$c_x = \frac{c_s V_s}{V_x}(10^{-\frac{\Delta E}{S}} - 1)^{-1}$$

五、数据记录与处理

1. 实验数据

pF 值	6.00	5.00	4.00	3.00	2.00	样品溶液 1	样品溶液 2
$E/-$mV							

2. 分别根据标准曲线法和一次标准加入法计算牙膏中的含氟量。

六、思考题

1. 氟电极测定 F^- 的原理是什么?

2. 实验中加入总离子强度调节缓冲溶液，其组成和作用各是什么?

实验 17　自动电位滴定法测定酱油总酸量

一、实验目的

1. 掌握用自动电位滴定法测定酱油中总酸的原理和方法。
2. 学会全自动电位滴定仪的使用方法。

二、实验原理

使用 pH 玻璃电极作指示电极，饱和甘汞电极作参比电极，插入待测样品溶液中组成测量电池：

$$\text{pH 玻璃电极} \mid H^+ (c \text{ mol/L}) \parallel KCl(饱和) \mid Hg_2Cl_2 \mid Hg$$

在酸碱电位滴定过程中，随着滴定剂的不断加入，溶液的 pH 不断发生变化，而其 pH 值或电位值的变化由复合电极测量并在屏幕上显示出来。通过仪器绘制的 pH-V（滴定剂）曲线或电位 E-V（滴定剂）曲线可以直接判断滴定终点，得到终点时消耗的滴定剂体积，用该体积来进行计算，从而得出结果，所有过程由仪器自动完成。自动电位滴定仪如图 3-4 所示。

图 3-4　自动电位滴定仪

测定酱油中总酸的反应方程式如下：

$$H^+ + OH^- \!=\!=\! H_2O$$

如果用氢氧化钠溶液来滴定，则总酸量用消耗的醋酸的量来表示，公式为：

$$A = \frac{V_{\text{titr}} \times c_{\text{titr}} \times 60.05 \times 1000}{V_{\text{smp}}}$$

式中　A——总酸含量，mg/L；

　　V_{smp}——样品溶液的体积，mL；

　　V_{titr}——消耗的滴定剂的体积，mL，这里滴定剂为氢氧化钠；

　　c_{titr}——滴定剂的准确浓度（标定结果），mol/L；

　　60.05——醋酸的分子量，g/mol。

三、仪器、试剂与材料

仪器：MaxTitra30M 电位滴定仪；pH 玻璃电极；饱和甘汞电极；热敏温度电极；磁力搅拌子；100 mL 玻璃烧杯。

试剂与材料：0.1 mol/L 氢氧化钠溶液；邻苯二甲酸氢钾（AR）；pH=6.86 标准缓冲溶液；pH=4.00 标准缓冲溶液。

四、实验步骤

1. 开机

开机并安装相应电极。

2. 滴定管清洗

先用注射器取出管中原有液体，然后将滴定管的导管加入滴定液；按"OPTION9"，设置从标准滴定管输送试剂的体积；再按"PURGE"键，输入冲洗次数 $N=2$，按"ENTER"键仪器即执行该操作。需要清洗至少 2 次，直到排除管中气泡。用去离子水清洗电极和滴定管。

3. 打印机格式设置

按"OPTION 13"键进入打印格式菜单。通常选择 2 即可，打印滴定结果和滴定参数。

4. 确定并确认 CONDITION 参数

选择序号为 0 的条件文件，将"s-timer"设为 5，其他参数为默认值。"End Sens"参数先用默认值预滴定，然后根据实际情况调整大小。

5. 设置 MODE 参数

OPTION 30～39 分别对应 MODE No.0～9。选择"Option30"，模式选择屏幕将出现，输入所需的文件号，在此实验中输入 0。

Pre int	0	Del k	3
Del sense	0 mV	Int time	1 s
Int sense	3 mV	Butet speed	2.5mL/min
Min feed	0.050 mL		

6. 温度校正

选择"OPTION 3"：THERMISTOR CALIB 用于校正温度补偿电极。将热敏电极和温度计放入水中；热敏电极检测到的温度显示在屏幕上；输入温度计所示温度校正热敏电极。

7. pH 校正

OPT2 CALIB POINT：该选项定义 pH 值校正点数，一般选 2。按"ENTER"键进入下一步。输入第一点校正值 6.86，第二点校正值 4.00。按"OPTION"键输入"1"回车。将电极，用去离子水冲洗干净；将电极置于 pH＝6.86 的缓冲液中，稳定几分钟；待 pH 值和相应的电位值读数稳定后按回车键校正。将电极用去离子水冲洗干净；将电极置于 pH＝4.00 的缓冲液中，稳定几分钟；待 pH 值和相应的电位值读数稳定后按回车键校正。按"OPTION"键退出 pH 校正状态，用去离子水冲洗电极。

8. 标定和滴定

标定：准确称取一定量邻苯二甲酸氢钾（自行计算所需质量），用约 80 mL 去离子水溶解，放入搅拌子。把电极和滴定管插入溶液中，注意不要让搅拌子碰到电极和滴定管。按 STIRRER 使磁力搅拌子转动，处于搅拌状态。按"TITRA-TION"开始滴定。系统找到终点后滴定结束，记录滴定终点消耗 NaOH 的体积。用去离子水冲洗电极。

滴定：用吸量管准确量取 10 mL 酱油到滴定池中，加入约 70 mL 去离子水到滴定池中。放入搅拌子。按上述相同操作进行滴定，记录滴定终点消耗 NaOH 的体积。用去离子水清洗滴定管和电极。

9. 关机

按"POWER"键关闭滴定仪，将电极保护套套好清洗过的电极。

五、数据记录与处理

1. 标定 NaOH 溶液的浓度。
2. 根据 NaOH 标准溶液消耗的体积计算酱油中的总酸量。

六、思考题

1. 用电位滴定法确定终点与指示剂法相比有何优缺点？
2. 当乙酸完全被氢氧化钠中和时，反应终点的 pH 值是否等于 7？为什么？

实验 18 单扫描示波极谱法测定自来水中铅含量

一、实验目的

1. 熟悉单扫描示波极谱法的基本原理和特点；掌握示波极谱仪的基本使用方法。

2. 熟悉极谱法两电极的使用，掌握极谱分析定性、定量方法。

二、实验原理

单扫描示波极谱法是为克服经典极谱法的不足而发展起来的快速电分析测量技术之一，具有测量灵敏度高、操作简便等特点。单扫描示波极谱的原理，与经典极谱基本相似，是在含有被测离子的电解池的两个电极上（见图 3-5），施加一随时间作直线变化的电压（称扫描电压），在示波器的荧光屏上显示电流-电压曲线。由于扫描速度非常快，达到可还原物质的分解电压时，该物质在电极上迅速地还原，产生很大的电流。由于可还原物质在电极附近的浓度急剧下降，而溶液本体中的可还原物质又来不及扩散到电极，因此，电流迅速下降，直到电极反应速率与扩散速率达到平衡。这样示波极谱的极谱曲线呈现尖峰形状（见图 3-6）。电流最大值称为峰电流（i_p），i_p 对应的电位称峰电位（E_p）。

与经典极谱法相比，单扫描示波极谱法具有以下特点：

① 扫描速率不同：单扫描示波极谱法比较快，一般大于 0.2V/s。

② 方式和记录谱图方法不同：单扫描示波极谱法施加极化电压仅在一滴汞的生长后期 1~2 s 内瞬间完成一个极谱图。

③ 采用阴极射线示波管法记录光电信号。

④ 示波极谱法依据 Randles-Sevcik 方程定量分析。

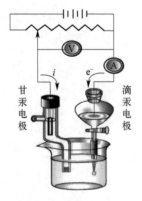

图 3-5 电解池组成

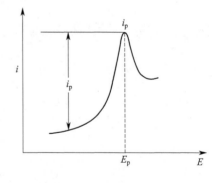

图 3-6 i-E 曲线

对于可逆电极反应，峰电流 i_p 与可还原物质的关系，可用下式表示：$i_p =$

$2.72\times10^{5}n^{3/2}D^{1/2}Av^{1/2}c$。对于滴汞电极：$i_{p}=2.31\times10^{5}n^{3/2}D^{1/2}m^{2/3}t_{p}^{2/3}v^{1/2}c$，式中，$t_{p}$ 为汞滴生长至出峰的时间，s；v 为扫描速率，V/s，其他与 Ilkovic 方程式相同。由此可见，在其他条件相同时，$i_{p}=kc$，这是示波极谱法定量分析的根据。

铅是一种潜在的神经毒素，即使含量很低也能产生副作用，特别是对婴儿和儿童危害很大。儿童对铅的敏感性尤其强烈，100 mL 血液中含铅量达到 $50\sim60$ μg 便足以导致铅中毒，引起小儿贫血、感觉功能障碍，表现出精神呆滞，严重的还可能出现抽搐、昏迷等，甚至危及生命。对成人而言，铅超标会造成高血压，容易引起心血管方面的疾病，还会引发骨质疏松等症状。自来水中的铅主要来自管道系统。检测样品中铅含量常用的方法有示波极谱法、原子光谱法和分光光度法等。本实验用示波极谱法检测铅含量。加入铁粉和抗坏血酸还原可去除复杂水样中铁、锌、镁等元素的干扰。在 0.88 mol/L KBr-0.72 mol/L HCl 底液中，铅的浓度在 $0\sim5$ μg/mL 范围内峰高和浓度成正比。此法还适于人发、矿样和一些化学试剂等试样中铅的测定。

三、仪器、试剂与材料

仪器：JP-2 型示波极谱仪；滴汞电极；饱和甘汞电极；铂电极。

试剂与材料：铅标准储备液（1 mg/mL）；铅标准工作液（50 μg/mL）；盐酸（1+1）；铁粉；10%抗坏血酸溶液；4 mol/L KBr 溶液。

四、实验步骤

1. 调节仪器和预热

① 将滴汞电极、辅助电极和参比电极插头插入相应插孔。接通电源，升高贮汞瓶。

② 极性开关转到"一"，选择原点电位读数开关转到"0.5"。

③ 将三电极插入被测溶液的电解池中。电极开关为"三电极"；测量开关为"阴极化"。

④ 若极谱波基线倾斜，可调节"斜度补偿"旋钮。若扫描波形起点出现跳动后扫描，可调节"电容补偿"旋钮（若待测物含量极低，关掉"电容补偿"，调节"前期补偿"）。

⑤ 如果极谱波在坐标上边界外，调节"前期补偿"，使波形移入坐标内，也可用"上下"调节来微微改变极谱波在荧光屏上的位置。

⑥ 测量低含量物质的溶液时，可先把"电流频率"开关置于较低灵敏度的位置观察波形，如果波峰很低，再改变"电流频率"的灵敏度，顺时针方向旋转使之升高。

⑦ 导数开关在"Ip"，测得峰电流为 $i_{p}(\mu A)$ 与电流频率的相应倍数的乘积，波峰电位读数等于原点电位读数 E_{0} 与波峰在示波器荧光屏坐标上对应读数的代

数和。

2. 标准系列的配制

准确移取 50 μg/mL 的铅标准工作液 0.00 mL、1.00 mL、2.00 mL、3.00 mL、4.00 mL、5.00 mL 于 50 mL 容量瓶中，加入 1+1 盐酸 6 mL、10%抗坏血酸 3 mL、4 mol/L KBr 溶液 10 mL，定容，所得铅标准系列浓度分别为 0.00 μg/mL、1.00 μg/mL、2.00 μg/mL、3.00 μg/mL、4.00 μg/mL、5.00 μg/mL。

3. 水样处理

准确移取水样 5 mL 于 50 mL 容量瓶中，以下处理同标准系列的配制。

4. 测量

将标准系列溶液及水样分别倒入小电解杯中，依次置于仪器电极下，使电极浸入溶液中（注意电极不能碰到杯壁），在 -0.25 V 左右观测峰高。在测定不同样品时注意更换样品间隔要清洗电极。

5. 测试完毕

仪器使用完毕后，冲洗电极，用滤纸拭干，让毛细管汞滴自由滴落几滴后，再把贮汞瓶缓缓降到预定高度，静置保存于空气中。将仪器恢复到原有状态再关电源。

原点电位	电流倍率	电极开关	导数开关	测量开关	电容、前期、斜度补偿
0 V	25	双电极	Ip	阴极化	最小（逆时针旋转到底）

测试完成后清理测定后产生的废汞（回收）。

五、数据记录与处理

根据实验数据绘制"峰高-电流"曲线。由工作曲线查出测试水样中的含铅量，并换算成原水样中铅的浓度（以 μg/mL 表示）。

六、注意事项

1. 仪器通电和断电时的注意事项有哪些？
2. 电极的使用及操作注意事项有哪些？
3. 汞滴速度应控制到最佳，扫描时间应控制好。
4. 操作时抬升贮汞瓶要注意安全，以防滑脱。一旦有汞溅出，要及时做好汞的处理。在取换试液时，要注意滴汞电极的汞滴不要掉在台面上。操作结束，其废液必须倒入指定容器，以防污染。

七、思考题

1. 单扫描示波极谱的主要特点是什么？
2. 为什么在极谱定量分析中要消除迁移电流？如何消除？
3. 如何利用单扫描极谱分析中峰电位做物质的定性分析？

实验 19　铋膜电极阳极溶出伏安法测定土壤中锌、铅、镉含量

一、实验目的

1. 了解重金属离子的危害，了解铋膜电极的制备。
2. 熟悉土壤样品的采集和前处理方法。
3. 掌握方波伏安阳极溶出技术测定锌、铅、镉含量。

二、实验原理

重金属离子 Pb^{2+}、Cd^{2+} 具有高毒性、生物富集性和不可生物降解性。重金属离子 Pb^{2+}、Cd^{2+} 等及其化合物未经处理或处理未达到 GB 8978—1996《污水综合排放标准》被排入河流、湖泊中，使得水体遭受不同程度的重金属离子污染。即使是痕量的重金属离子对人体和环境也是危害性极强的，对生命有机体和生态系统会造成严重威胁。锌缺乏和锌过量对人体都是有害的，因此定量测定 Zn^{2+} 同样也是必要的。环境水体和生产生活用水中痕量 Pb^{2+}、Cd^{2+}、Zn^{2+} 等金属离子及其化合物的检测已成为水质监测的一个重要课题。

与其他分析方法相比，电化学分析方法具有成本低、设备小型化、操作简单、节省时间和检测限低等优点。在同时检测痕量重金属离子的方法中，电化学阳极溶出伏安分析因其成本低、分析时间短、灵敏度高、便携性好和同时检测多种金属的特点而被认为是一种有应用潜力的分析技术。方波阳极溶出伏安法（SWASV）是一种将方波伏安法和溶出技术组合起来的方法，是电化学传感器检测重金属离子常用的分析方法之一。溶出伏安法测定金属离子一般包括两个步骤：预浓缩沉积和依次溶出。预浓缩步骤一般是通过给工作电极施加一个恒定的负电位，设定富集时间和搅拌速度，重金属阳离子则被还原为金属原子，沉积在工作电极表面。溶出步骤则是设定向阳极方向增大的扫描电位，将在工作电极上零价还原态重金属重新氧化为阳离子。在溶出过程中，由于金属的氧化，电极/溶液界面电子得失快速增加，使溶出电流峰达到一个较高的值，并且重金属离子的种类不同，产生溶出电流峰值的电位也不同，可由此来判断溶出金属的种类。这个过程产生的电流-电压（I-E）曲线即为方波阳极溶出伏安曲线。测量条件不变时，溶出峰峰电流与待测物浓度呈线性关系，因此可以通过此法来进行定量分析。由于具有检测限低、灵敏度高、选择性好、易于操作等优点，SWASV 已被广泛认为是用于现场监测痕量重金属离子有竞争力的电化学方法。

铋作为一种环境友好性材料，通常被认为是"绿色元素"。铋在室温下能够稳定存在，不易与氧气或水发生反应，因此电极上铋膜在测试中不容易受到溶解氧的影响。铋也能够溶解其他金属元素形成二元或多元合金（铋齐），有益于与重金属离子的共沉积，在测定 Pb^{2+}、Cd^{2+}、Zn^{2+} 等金属离子的过程中还显示出高灵敏

度、明确的剥离信号、溶出峰的良好分辨率、宽的电位范围等。因此，铋膜修饰电极可用于阳极溶出伏安法检测与铋金属形成铋齐且溶出电位差异较大的金属离子。

三、仪器、试剂与材料

仪器：CHI660D电化学工作站；三电极体系（玻碳电极为工作电极，Ag/AgCl或甘汞电极为参比电极，铂丝或铂片电极为辅助电极）；pHS-3G pH计；吸量管；棕色容量瓶（100 mL）；比色管（10 mL）。

试剂与材料：高纯金属铅、镉、锌；浓盐酸（优级纯）；浓硝酸（优级纯）；硝酸溶液（1+5）；硝酸溶液（体积分数0.2%）；浓氢氟酸；浓高氯酸（优级纯）；0.1 mol/L乙酸盐缓冲溶液（pH=5，由CH_3COOH-CH_3COONa配制）；用乙酸缓冲液稀释金属离子储备液，制得金属离子标准溶液。本标准所使用的试剂除另有说明外，均使用符合国家标准的分析纯试剂和去离子水或同等纯度的水。

四、实验步骤

1. 标准溶液的配制

铋、铅、锌、镉标准储备液（1000 mg/L）：分别准确称取0.5000 g（精确至0.0002 g）光谱纯金属铋、铅、锌、镉于50 mL烧杯中，加入20 mL硝酸溶液（1+5），微热溶解、冷却后转移至1000 mL容量瓶中，用水定容至刻度，摇匀。

铋、铅、锌、镉标准工作溶液（10 mg/L）：用乙酸盐缓冲溶液逐级稀释法分别稀释上述铋、铅、锌、镉储备液至5 mg/L。

铋、铅、锌、镉混合标准使用液：使用前将铋储备液分别与一定体积的铋、铅、镉、锌标准储备液混合，用乙酸盐缓冲溶液稀释至所需浓度（5～500 mg/L）。

2. 样品采集和前处理

土壤环境质量监测点位布设和样品采集等要求，按照NY/T 395—2012相关规定执行。将采集的土壤样品（一般不少于500 g）混匀后用四分法缩分至约100 g。缩分后的土样经风干（自然风干或冷冻干燥）后，除去土样中石子和动植物残体等异物，用木棒（或玛瑙棒）研压，通过2 mm尼龙筛（除去2 mm以上的砂砾），混匀。用玛瑙研钵将通过2 mm尼龙筛的土样研磨至全部通过100目（孔径0.149 mm）尼龙筛，混匀后备用。

3. 试液的制备

准确称取0.1～0.3 g（精确至0.0002 g）试样于50 mL聚四氟乙烯坩埚中，用水润湿后加入5 mL浓盐酸，于通风橱内的电热板上低温加热，使样品初步分解，当蒸发至约2～3 mL时，取下稍冷，然后加入5 mL浓硝酸、4 mL浓氢氟酸、2 mL高氯酸，加盖后于电热板上中温加热1 h左右，然后开盖，继续加热除硅，为了达到良好的飞硅效果，应经常摇动坩埚。当加热至冒浓厚高氯酸白烟时，加盖，使黑色有机碳化物充分分解。待坩埚上的黑色有机物消失后，开盖驱赶白烟并蒸至内容物呈黏稠状。视消解情况，可再加入 2 mL 浓硝酸、2 mL 浓氢氟酸、2 mL 高氯酸。重复上述消解过程。当白烟再次基本冒尽且内容物呈黏稠状时，取下稍冷，用水冲洗坩埚盖和内壁，并加入 1 mL 硝酸溶液（1+5）温热溶解残渣。然后将溶液转移至 25 mL 容量瓶中，加入乙酸盐缓冲溶液冷却后定容，摇匀备测。

由于土壤种类多，所含有机质差异较大，在消解时，应注意观察，各种酸的用量可视消解情况酌情增减。土壤消解液应呈白色或淡黄色（含铁较高的土壤），没有明显沉淀物存在。

注意：电热板的温度不宜太高，否则会使聚四氟乙烯坩埚变形。

4. 空白溶液的制备

用水代替试样，采用上述相同的步骤和试剂，制备全程序空白溶液。每批样品至少制备 2 个以上的空白溶液。

5. 玻碳电极的预处理

将玻碳电极用平均粒径为 0.05 μm 的氧化铝粉与水在麂皮上均匀用力抛光约 5 min，然后依次用超纯水、无水乙醇、超纯水各超声清洗 3 min 后晾干备用。

6. 铋膜电极 SWASV 法分别测 Zn^{2+}、Cd^{2+} 和 Pb^{2+} 标准曲线

用处理好的玻碳电极对含有 500 mg/L Bi^{3+} 和 10 mg/L Zn^{2+} 溶液中进行富集，富集电位 -1.4 V，富集时间为 300 s，再经 2 s 的静置平衡后，记录 $-1.4\sim0.40$ V 之间的溶出 Bi^{3+} 和 Zn^{2+} 方波伏安图。设置频率 25 Hz；振幅 25 mV；阶跃电位 4 mV。

同样地，用预处理好的玻碳电极对含有 500 mg/L Bi^{3+} 和 10 mg/L Cd^{2+} 溶液中进行富集，富集电位 -1.4 V，富集时间为 300 s，再经 2 s 的静置平衡后，记录 $-1.4\sim0.40$ V 溶出的 Bi^{3+} 和 Cd^{2+} 方波伏安图。

同样地，用预处理好的玻碳电极对含有 500 mg/L Bi^{3+} 和 10 mg/L Pb^{2+} 溶液中进行富集，富集电位 -1.4 V，富集时间为 300 s，再经 2 s 的静置平衡后，记录 $-1.4\sim0.40$ V 溶出的 Bi^{3+} 和 Pb^{2+} 方波伏安图。

7. 膜电极 SWASV 法同时测 Zn^{2+}、Cd^{2+} 和 Pb^{2+} 标准曲线

在含有 0.1 mol/L 乙酸缓冲溶液（pH 5.0）、500 mg/L Bi^{3+} 和不同浓度的 Pb^{2+}、Cd^{2+} 和 Zn^{2+} 的混合溶液中进行富集。在 7 个 50.0 mL 容量瓶中，分别加入 0.00 mL、0.50 mL、1.0 mL、2.0 mL、3.0 mL、4.0 mL、5.0 mL Zn^{2+}（100 mg/L）、Cd^{2+}（100 mg/L）和 Pb^{2+}（100 mg/L）标准溶液。在富集电位为 -1.4 V，富集时间为 300 s，记录 $-1.4\sim0.40$ V 的溶出方波伏安图。

Bi/GCE 修饰电极结合铋膜共沉积法实现无汞化同时灵敏检测 Zn^{2+}、Cd^{2+} 和 Pb^{2+}，在较小的浓度范围内呈线性，符合我国卫生部门规定的水中重金属离子的安全范围，其电化学响应如图 3-7 所示。这种电化学方法具有成本低廉、方便快捷、选择性好、灵敏度高的特点。

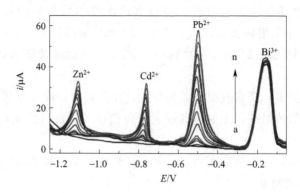

图 3-7 不同浓度的 Zn^{2+}、Cd^{2+} 和 Pb^{2+} 在 Bi/GCE 上的方波溶出伏安曲线

Zn^{2+}、Cd^{2+} 和 Pb^{2+} 的浓度（nmol/L）从 a 到 n 依次为：0、10.0、50.0、80.0、100.0、200.0、300.0、400.0、500.0、600.0、700.0、800.0、900.0 和 1000.0

8. 试样溶液的检测

上述处理好的试样溶液，加入铋离子标准溶液，用方波伏安法测定。同样条件下，上述处理好的试样溶液，加入不同浓度金属离子标准储备液混合后用上述方法进行测定。

五、数据记录与处理

1. 分别测 Zn^{2+}、Cd^{2+} 和 Pb^{2+} 的溶出伏安曲线。
2. 同时测 Zn^{2+}、Cd^{2+} 和 Pb^{2+} 的溶出伏安曲线。
3. 制作标准工作曲线。
4. 计算土壤样品中 Zn^{2+}、Cd^{2+} 和 Pb^{2+} 的含量和回收率。

六、注意事项

1. 注意玻碳电极的预处理步骤。
2. 使用饱和 Ag/AgCl 参比电极时，应维持参比电极内的 KCl 溶液过饱和。
3. 电源线连接：绿色夹头接工作电极，白色夹头接参比电极，红色夹头接辅助电极，黑色夹头为地线。

七、思考题

1. 不同的溶出峰分别代表哪些金属离子，为什么？
2. 铋膜在检测 Zn^{2+}、Cd^{2+} 和 Pb^{2+} 中的作用是什么？

附录：CHI660D 电化学工作站操作规程

CHI 系列仪器几乎集成了所有常用的电化学测量技术，可提供绝大多数电化学测量方法，如循环伏安法、差分脉冲伏安法、阶跃和扫描、线性扫描伏安、交流阻抗等，应用于腐蚀、燃料电池、电池、超级电容器、恒电流应用（电镀）、电沉积、固体电化学以及各分析领域。

一、操作程序

（1）将三电极系统插入电解池，将电源线和电极相连接。

（2）电源和电极连接好后，打开电化学工作站电源开关。

（3）打开计算机，双击桌面上电化学工作站的快捷图标，检查电化学工作站与计算机的通信是否正常。若出现"Link Failed"，需检测电源是否打开、电线连接等问题，必要时需重新启动电化学工作站，甚至计算机。

（4）打开工作站的控制界面，根据实验需要，设定实验技术和实验参数。确认参数设置确无误后，按主界面的运行按钮进行实验。

（5）实验结束后，单击"保存"图标，弹出保存对话框，输入文件名选择保存路径，单击"保存"。

（6）实验结束后，退出计算机上运行的程序，关闭电化学工作站上的开关，并做好相应的设备使用记录和实验记录。

二、操作注意事项

（1）开机前须检查电化学工作站的接地端与地线连接是否正常。地线不但可起到机壳屏蔽以降低噪声的作用，而且也是为了安全，不致因漏电而引起触电。

（2）电极在反应池中放置的位置要正确，防止电极间短路。电极夹头长时间使用造成脱落，可自行焊接，但注意夹头不要和同轴电缆外面一层网状的屏蔽层短路。

（3）严禁在开机状态下插拔电化学工作站同计算机的数据连接线。

（4）仪器不宜时开时关，但晚上离开实验室时建议关机。使用温度 $15 \sim 28\ ℃$，此温度范围外也能工作，但会造成漂移和影响仪器寿命。

（5）关于电流溢出（overflow）：如实验过程中发现 overflow，经常表现为电流突然成为一条水平直线或得到警告，应停止实验。在参数设定命令中重设灵敏度（sensitivity）。数值越小越灵敏（1.0×10^{-6} 要比 1.0×10^{-5} 灵敏）。如果溢出，应将灵敏度调低（数值调大）。灵敏度的设置以尽可能灵敏而又不溢出为准。如果灵敏度太低，虽不致溢出，但由于电流转换成的电压信号太弱，模数转换器只用了其满量程的很小一部分，数据的分辨率会很差，且相对噪声增大。

CHI660 电化学工作站

实验 20　聚咖啡酸修饰电极同时测定抗坏血酸和多巴胺含量

一、实验目的

1. 了解电化学传感器的类型与原理；熟悉电化学工作站的操作技术。
2. 学习运用电化学聚合法制备修饰电极。
3. 学习用循环伏安法同时测定抗坏血酸和多巴胺含量的方法。

二、实验原理

电化学传感器是提供被检测体系（液相或气相）中化学组分实时信息的一类器件，按输出信号类型分为电位型、电流型和电导型三类。电流型传感器因其选择性好、灵敏度高、响应迅速等特点成为电化学传感器的重点发展领域。

为实现对电活性物质的电化学响应，利用化学或物理方法将功能分子、离子、聚合物等固定在电极表面，从而实现功能化设计。电极基体材料一般为玻碳（石墨）、金、铂、玻璃等。在这些电极表面固定的方法主要有吸附型修饰电极、共价键合型修饰电极和电化学聚合型修饰电极。聚合物膜修饰电极不仅拥有易制备，稳定性和重复性较好外，其最大的优点是非常适合于电分析研究。电聚合的电解液是一定浓度的单体溶液，当电解发生时，具有电活性的单体被分解成自由基和离子，然后在工作电极表面聚合并逐渐形成均匀、稳定的聚合物膜，在电极表面引入聚吡咯、聚苯胺、一些含羟基或氮原子的芳香族化合物等。

L-抗坏血酸（AA）又称维生素 C，是人体血液以及体液中最常见的生物小分子之一，它在人体的许多生理功能中起着至关重要的作用。研究表明，生物体液中不同水平的 AA 不仅可以作为测定机体代谢中氧化应激精确程度的指标，还可作为与氧化应激相关的神经退行性疾病、精神疾病预防和治疗潜力的证据。因此，AA 的定量检测至关重要。多巴胺（DA）是在生物机体内通过新陈代谢由二羟苯丙氨酸所产生的中间产物，它是一种内源性含氮有机生物活性分子，在中枢神经系统中是一种不可或缺的儿茶酚胺类神经递质。人脑中的多巴胺分泌异常会引发帕金森综合征、精神分裂症、阿尔茨海默病等疾病。大脑中多巴胺含量水平异常可能导致帕金森综合征和精神分裂症。另外，多巴胺与成瘾性反应（如吸毒、吸烟、酗酒）的产生有着直接相关性。在药物制剂中，多巴胺的制剂类型为盐酸多巴胺注射液。由于多巴胺能兴奋心脏、增加肾血流量的功能，临床上盐酸多巴胺注射液用于治疗各种类型的休克。因此，灵敏、快速地对多巴胺进行定性和定量分析具有重要的临床和生化意义。AA 与 DA 在工作电极上有相似的氧化行为，两类分子在裸电极上有相同的氧化电位，无法通过氧化电位区分。

本实验将咖啡酸作为修饰物质电化学聚合修饰于玻碳电极上。通过对电极表面进行功能性修饰并用于催化氧化 AA 与 DA，使其在修饰电极上有不同的氧化电位，从而实现 AA 与 DA 的选择性检测。

三、仪器、试剂与材料

仪器：CHI660D 型电化学工作站（上海辰华仪器有限公司）；三电极体系［玻碳电极、铂电极和 Ag/AgCl 电极，以基底玻碳电极（裸玻碳电极）或修饰咖啡酸的玻碳电极为工作电极（直径为 3 mm），Ag/AgCl 电极为参比电极（3.0 mol/L KCl），铂电极为对电极］；超声波清洗仪；吸量管；10 个 100 mL 棕色容量瓶；5 个 10 mL 电解池。

试剂与材料：抗坏血酸溶液（1 mmol/L）；多巴胺溶液（1 mmol/L）；咖啡酸溶液（1 mmol/L）；0.1 mol/L 磷酸二氢钠-磷酸氢二钠缓冲溶液（PBS 溶液，pH = 7.4）；α-Al_2O_3 粉末（粒径 0.05 μm）；麂皮布；硝酸溶液（1+1）；无水乙醇；去离子水。

四、实验步骤

1. 聚咖啡酸修饰电极的制备

取少许氧化铝粉（约小半勺）置于麂皮布上，以去离子水润湿，将待处理的玻碳电极垂直于麂皮布进行打磨抛光，用去离子水超声清洗。然后依次用硝酸溶液（1+1）、无水乙醇、超纯水三种液体各超声清洗 3 min，以氮气吹干备用。采用电聚合方法将咖啡酸修饰于玻碳电极上。打开工作站及工作软件，安装好三电极体系，配制含电解质 PBS 缓冲溶液的咖啡酸（0.1 mmol/L）修饰液。由控制栏中选择溶出法，设置参数：启用溶出方法，溶出电压选择 1.8 V，时间 180 s。修饰后晾干备用。

2. 标准系列溶液的配制

在 5 个干净的 10.0 mL 比色管中，分别吸取 0 mL、0.5 mL、1.0 mL、2.0 mL、4.0 mL 和 5.0 mL AA 和 DA 标准溶液，用 PBS 溶液稀释至刻度，混匀。

3. 电化学测定

在含 pH 7.4 浓度为 0.1 mol/L 的磷酸缓冲溶液中进行差分脉冲伏安扫描。分别测试不同浓度的 AA 与不同浓度的 DA 在裸电极和修饰电极上的差分脉冲伏安行为。CV 的测试参数：电位范围 $-0.8 \sim 0.8$ V，电势增量 10 mV，灵敏度为 1.0×10^{-5} A。

4. 未知试样的测定

准确称取一片维生素 C 片，记录准确质量，研磨后用 PBS 溶液溶解，并定容至 100.0 mL，混匀。取部分样品溶液离心后，准确移取上清液，混匀。与标液系列相同测试条件下，测定样品溶液的差分脉冲伏安曲线，根据标准曲线计算样品中抗坏血酸的含量。

与标液系列相同测试条件下，测定盐酸多巴胺注射液用 PBS 溶液稀释 n 倍后的样品溶液的差分脉冲伏安曲线，根据标准曲线计算样品中多巴胺的含量。

五、数据记录与处理

1. 电化学谱图。

2. AA 和 DA 标准系列溶液的氧化峰电流

浓度/(μmol/L)	氧化峰电流强度平均值($n=3$)	
	AA	DA

3. 标准工作曲线：

六、注意事项

1. 注意电化学工作站的使用规则，电极线夹与三电极的匹配。

2. 注意工作电极、辅助电极与参比电极的工作面浸入溶液。

七、思考题

1. 为什么要对玻碳电极进行预处理？如何确定聚合膜被成功修饰在电极上？

2. 本实验中 PBS 溶液的作用是什么？

3. 考察 AA 与 DA 在玻碳电极和修饰电极上的电化学行为，并对二者进行分析比较。修饰电极对 AA 与 DA 的响应电流和电位的影响如何？

实验 21　金膜电极的制备及循环伏安法测定铁氰化钾电极反应过程

一、实验目的

1. 学习固体电极表面的处理方法。
2. 掌握恒电位电解的原理及金膜电极的制备方法。
3. 掌握循环伏安仪的使用技术。
4. 了解扫描速率和电活性物质溶液浓度对循环伏安图的影响。

二、实验原理

循环伏安法（cyclic voltammetry）是一种常用的电化学研究方法，可用于电极反应的性质、机理和电极过程动力学参数的研究，也可用于定量确定反应物浓度、电极表面吸附物的覆盖度、电极活性面积以及电极反应速率常数、交换电流密度、反应的传递系数等动力学参数。该法控制电极电势以不同的速率，扫描开始时，从起始电压扫描至某一电压后，再反向回扫至起始电压，随时间以三角波形一次或多次反复扫描，电极上能交替发生不同的还原和氧化反应，并记录电流-电势曲线。根据曲线形状可以判断电极反应的可逆程度，中间体、相界吸附或新相形成的可能性，以及化学反应的性质等。常用来测量电极反应参数，判断其控制步骤和反应机理，并观察整个电势扫描范围内可发生哪些反应及其性质如何。对于一个新的电化学体系，首选的研究方法往往就是循环伏安法，可称之为"电化学的谱图"。本法常用铂、金、玻碳、碳糊电极、碳纤维微电极以及化学修饰电极等。

将工作电极置于氯金酸（$HAuCl_4$）的溶液中，控制电位在 -0.2 V，恒电位电解一段时间，工作电极上即可沉积一层金膜。电极反应为：$AuCl_4^- + 3e^- \Longrightarrow Au(s) + 4Cl^-$。电解时间决定金膜厚度，电解电流密度决定金膜致密程度，因此对电解时间和电解电流进行优化得到电化学性能最优的金膜电极。

可通过金膜电极在铁氰化钾 $[K_3Fe(CN)_6]$ 体系中的循环伏安行为考察金膜电极的电化学性能。若氧化还原峰电位差值越接近 59 mV，氧化还原峰电流比值越接近于 1，峰电流越大，则制备的金膜电极的电化学性能越好。

铁氰根离子 $[Fe(CN)_6]^{3-}$、亚铁氰根离子 $[Fe(CN)_6]^{4-}$ 氧化还原电对的标准电极电位为 -0.36 V（$vs.$ NHE）。电极电位与电极表面活度的 Nernst 方程式为：

$$\varphi = \varphi^\ominus + \frac{RT}{F} \ln \frac{c_{Ox}}{c_{Red}}$$

在一定扫描速率下，从起始电位（-0.2 V）正向扫描到转折电位（$+0.8$ V）期间，溶液中 $[Fe(CN)_6]^{4-}$ 被氧化生成 $[Fe(CN)_6]^{3-}$，产生氧化电流；当负向扫描从转折电位（$+0.8$ V）变到原起始电位（-0.2 V）时，在指示电极表面的 $[Fe$

$(CN)_6]^{3-}$ 被还原生成 $[Fe(CN)_6]^{4-}$，产生还原电流。为了使液相传质过程只受扩散控制，应在加入 KCl 电解质和溶液处于静止下进行电解。溶液中的溶解氧具有电活性，通入惰性气体除去溶解氧。电化学工作站-三电极体系循环伏安检测示意图如图 3-8 所示。

图 3-8　电化学工作站-三电极体系循环伏安检测示意图

三、仪器、试剂与材料

仪器：电化学分析仪或电化学工作站；玻碳电极、甘汞电极、铂电极组成三电极系统。

试剂与材料：氯金酸；Al_2O_3 粉末；氯化钾溶液（0.1 mol/L）；亚铁氰化钾溶液（0.2 mol/L）；超纯水；硝酸溶液（1+1）；无水乙醇。

四、实验步骤

1. Au(Ⅰ)溶液的配制

Au(Ⅰ)溶液（10.0 mmol/L）：准确称取一定质量的 $HAuCl_4$，用高纯水溶解，冷却后移入 250 mL 容量瓶中，用超纯水定容至刻度，摇匀，装入试剂瓶中在 4 ℃下密封保存备用。

镀金液（1.0 mmol/L $HAuCl_4$）：取 0.5 mL 10.0 mmol/L 的金母液（$AuCl_4^-$），用 4.5 mL 0.01mol/L 的 KCl 稀释配制而成。

2. 工作电极的预处理

用 Al_2O_3 粉末（粒径 0.05 μm）将玻碳电极在麂皮布上抛光成镜面，然后用超纯水清洗。再用超声波依次在硝酸溶液(1+1)、无水乙醇和超纯水中洗涤 1～2 min，备用。

3. 玻碳电极在 $K_4[Fe(CN)_6]$ 溶液中的循环伏安图

打开仪器，连接好三电极。选择循环伏安法，设置仪器参数（扫描速率为 100 mV/s；起始电位为 -0.2 V，终止电位为 +0.8 V）。开始循环伏安扫描，记录循环伏安图。

　　将处理好的玻碳电极、甘汞电极和铂电极置于 0.08 mol/L 的 $K_4[Fe(CN)_6]$ 溶液（均含支持电解质 0.1 mol/L NaCl）中，进行循环伏安扫描。记录循环伏安图，存盘。

　　根据所得到的循环伏安图中的峰电位差及峰电流比值判断玻碳电极表面是否达到要求。峰电位差在 80 mV 以下，并尽可能地接近 59 mV，电极方可使用，否则要重新处理电极，直到符合要求。最后，将刚预处理后的玻碳电极用超纯水洗净，并用滤纸吸干电极表面的水备用。

4. 金膜电极的制备

　　将处理好的玻碳电极、甘汞电极和铂电极置于镀金液中，选择"恒电位沉积"技术，设置沉积电位为 -0.2 V，沉积时间设置为 30 s，并对玻碳电极进行镀金。

5. 金膜电极在 $K_4[Fe(CN)_6]$ 溶液中的循环伏安图

　　制备好的金膜电极用高纯水清洗干净后，三电极置于 $K_4[Fe(CN)_6]$ 溶液体系中，设置扫描参数（扫描速率为 50 mV/s；起始电位为 -0.2 V，终止电位为 $+0.8$ V；扫描片段：4）。开始循环伏安扫描，记录循环伏安图。考察并记录氧化还原峰电位及峰电流。

6. 选择金膜电极制备最佳的电解时间

　　改变沉积时间分别为 60 s、90 s、120 s、180 s、240 s，重复 3、4 步骤。选出金膜电极制备最佳的电解时间。

7. 金膜电极在不同浓度 $K_4[Fe(CN)_6]$ 中的循环伏安曲线

　　制备好的金膜电极用超纯水清洗干净后，三电极置于浓度分别为 0.01 mol/L、0.02 mol/L、0.04 mol/L、0.08 mol/L、0.16 mol/L 的 $K_4[Fe(CN)_6]$ 溶液（均含支持电解质 KCl 浓度为 0.1 mol/L）中，设置扫描参数（扫描速率为 100 mV/s；起始电位为 -0.2 V，终止电位为 $+0.8$ V）。开始循环伏安扫描，分别记录循环伏安图。考察并记录氧化还原峰电位及峰电流。

8. 不同扫速金膜电极在 $K_4[Fe(CN)_6]$ 中的循环伏安曲线

　　制备好的金膜电极用超纯水清洗干净后，三电极置于浓度为 0.06 mol/L 的 $K_4[Fe(CN)_6]$ 溶液（均含支持电解质 KCl 浓度为 0.1 mol/L）中，设置扫描参数（扫描速率分别设为 10 mV/s、20 mV/s、40 mV/s、80 mV/s、100 mV/s、150 mV/s、200 mV/s、250 mV/s、300 mV/s；起始电位为 -0.2 V，终止电位为 $+0.8$ V；扫描片段：4）。开始循环伏安扫描，分别记录循环伏安图。考察并记录氧化还原峰电位及峰电流。

五、数据记录与处理

　　1. 电解时间对金膜电极循环伏安特性的影响（自行绘制表格），选出金膜电极制备最佳的电解时间。

　　2. 分别以 i_{pa}、i_{pc} 对 $K_4[Fe(CN)_6]$ 溶液的浓度作图，说明峰电流与浓度的关系。

3. 分别以 i_{pa}、i_{pe} 对 v 作图，说明峰电流与扫描速率间的关系。

4. 分别计算 i_{pa}、i_{pe} 的 ΔE，说明 $K_4[Fe(CN)_6]$ 在 KCl 溶液中电极过程的可逆性。

六、注意事项

1. 实验前电极表面要处理干净。

2. 金膜与玻碳电极的结合力较小，较容易划伤，因此在清洗金膜电极时应小心，需用滤纸吸干电极表面，而不能擦干。

3. 扫描过程保持溶液静止。

七、思考题

1. 为什么随着电解时间的增长，金膜电极在 $K_4[Fe(CN)_6]$ 体系中的峰电流先增大后减小？

2. 恒电位电解的电流大小会对金膜电极的哪些性质有影响？

3. 扫描速率和浓度对循环伏安图有什么影响？

第四章　色谱分离分析实验

色谱法是集分离和检测于一体的分析方法，它已成为分离、纯化有机物或无机物的一种重要方法，对于复杂混合物、相似化合物的异构体或同系物等的分离非常有效，在仪器分析中占有重要地位。色谱法具有分离效率高、分析速度快、灵敏度高等优点，已广泛应用于工农业生产、医药卫生、经济贸易、石油化工、环境保护、生理生化、食品质量与安全等领域，如样品中农药残留量的测定、农副产品分析、食品质量检验、生物制品的分离制备等。

由于各组分物理化学性质和结构上的差异，色谱法利用试样中各组分在互不相溶的两相（固定相和流动相）间的分配系数不同，试样在流经色谱柱的过程中在两相间进行反复多次的分配平衡，从而使混合物中各组分按一定顺序先后流出色谱柱，使分配系数有微小差异的组分实现完全分离。根据流动相的状态不同，色谱法可以分为气相色谱法和液相色谱法。

一、色谱定性分析方法

各种物质在一定的色谱条件下都有一个确定的保留值，据此进行定性分析。但在同一色谱条件下，不同的物质也可能具有近似或相同的保留值，需要其他化学分析或与仪器分析方法相配合，才能准确判断某些组分是否存在。

1. 标准品对照定性

（1）利用保留值定性

在相同色谱条件下，分别将标样和试样进行色谱分析，比较两者的保留时间t_R。如果相同，即为同一种物质，进而可以确定试样中的各组分。

（2）利用加入纯物质后峰高的增加定性

对于复杂样品，当流出色谱峰间距太近或操作条件不易控制时，可在试样中加入已知的纯物质，在相同条件下进样，对于纯物质加入前后的色谱峰，若某色谱峰增高了，则样品中可能含有该对应已知物质。

（3）双柱或多柱定性

两个纯化合物在性能（极性或氢键形成能力等）不同的两根或多根色谱柱上有完全相同的保留值（在不同柱上的保留时间不同），则这两个纯化合物基本上可以认定为同一个化合物。所选择的两根或多根柱子的极性差别越大，使用的柱子越多，定性分析结果的可信度越高。

（4）利用碳数规律定性

可以在已知同系物中几个组分保留值的情况下，推出同系物中其他组分的保留值，然后与未知物的色谱图进行对比分析。在用碳数规律定性时，应先判断未知物类型，才能寻找适当的同系物。与此同时，要注意当碳原子数 $n=1$ 或 $n=2$ 时，以及碳数较大时，可能与线性关系发生偏差。这一规律适用于任何同系物或假同系物，如有机化合物中含有的硅、硫、氮、氧等元素的原子数及某些重复结构单元（如苯环、C＝C 键、亚氨基等）的数目均与调整保留值的对数呈线性关系。

（5）利用沸点规律定性

可以对同族具有相同碳原子数目的碳链异构体定性，也可以根据未知组分的沸点求其相应的保留值，再与色谱图上的未知峰对照进行定性分析。

2. 相对保留值定性

由于相对保留值是被测组分与加入的参比组分（其保留值应与被测组分相近）的调整保留值之比，因此，当载气的流速和温度发生微小变化时，被测组分与参比组分的保留值同时发生变化，而它们的比值——相对保留值则不变。也就是说，相对保留值只受柱温和固定相性质的影响，而柱长、固定相的填充情况（即固定相的紧密情况）和载气的流速均不影响相对保留值。因此在柱温和固定相一定时，相对保留值为定值，可作为定性参数。

3. 保留指数定性

保留指数又称科瓦茨指数，是使用最广泛并被国际公认的定性分析法，为色谱定性分析的一个重要参数。

在同一色谱柱上，不同升温条件下，其保留时间不同，但是保留指数是一致的。物质在柱上的保留行为可用两种相邻的正构烷烃作为标准物来标定。设其中一个碳数为 z，另一个为 $(z+1)$，用 $t'_{R(z)}$、$t'_{R(z+1)}$ 和 $t'_{R(x)}$ 分别表示碳数为 z、$z+1$ 和待测组分 x 的调整保留时间，并使 $t'_{R(x)}$ 正好处在 $t'_{R(z)}$ 和 $t'_{R(z+1)}$ 之间，则待测组分的保留指数（I）公式如下：

$$T_x = 100\,\frac{\lg t'_{R(x)} - \lg t'_{R(z)}}{\lg t'_{R(z+1)} - \lg t'_{R(z)}}$$

然后用文献的保留指数判定色谱峰。

4. 联用技术定性

上述定性方法与红外光谱（IR）、核磁共振波谱（NMR）、质谱（MS）、原子光谱（AAS、AES）等联合使用，可获得比较准确的定性信息。即综合利用色谱仪对混合物的高分离能力与其他仪器对单一物质的结构的高鉴别能力，发挥两种仪器各自的优点，实现既能分离混合物又能鉴定物质的结构。

5. 指纹图谱分析法

GC 指纹图谱分析法和 HPLC 指纹图谱分析法是指纹图谱与 GC 和 HPLC 相结合的一种分析方法，目前已成为中药质量控制的首选方法，适用于中药复杂成分的分离、分析和指纹图谱的建立。在食品上主要用于天然成分的分析。待测物质预处理后用 GC 和 HPLC 测定出色谱峰，经过计算机库存信号的检索及对质谱图的解析，对所含成分做出定性鉴定。

二、色谱定量分析方法

在相同的色谱条件下，待测组分的质量 m_i 与检测器产生的信号（峰面积 A_i 或峰高 h_i）成正比，即

$$m_i = f_i A_i \text{ 或 } m_i = f_i h_i$$

式中，f_i 为校正因子。

1. 归一化法

将所有出峰组分的含量之和按 100% 计算的定量方法称为归一化法。当测量参数为峰面积时，

$$w_i = \frac{m_i}{m} = \frac{A_i f_i}{A_1 f_1 + A_2 f_2 + \cdots + A_n f_n}$$

式中，w_i 为被测组分的质量分数；A_1、$A_2 \cdots A_3$ 和 f_1、$f_2 \cdots f_3$ 分别为样品中各组分峰面积和校正因子。

样品中各组分的定量校正因子与标准物的定量校正因子之比为相对校正因子，即

$$f_i' = \frac{f_i}{f_s} = \frac{m_i A_s}{m_s A_i}$$

式中，m 和 A 分别代表质量和峰面积；下标 i 和 s 分别代表待测组分和标准物。

归一化法的优点：简单、准确；对操作条件的控制要求不苛刻；不必称量和准确进样。操作条件如进样量、载气流速等变化时对结果影响较小，是气相色谱法中常用的一种定量方法。

归一化法的不足：所有组分的 f 值均需测出。在试样中 n 个组分不能全部出峰时不能使用。不适于痕量分析。

2. 外标法（标准曲线法）

外标法是以被测化合物的纯品或已知其含量的标样作为标准品，配成一定浓度的标准系列溶液，注入色谱仪，得到的响应值（峰高或峰面积）与进样量在一定范围内成正比。用标样浓度对响应值绘制标准曲线或计算回归方程，然后用被测物的响应值求出被测物的量。

外标法的优点：不使用校正因子；适用于大批量试样的快速分析。

外标法的不足：操作条件变化对结果准确性影响大；进样量准确性要求高。

3. 内标法

样品中组分不能全部出峰；检测器不能对各个组分均产生信号；只需测定样品中的某几个组分。出现上述情况时，可采用内标法定量。

内标法是在样品中加入一定量的某一物质作为内标进行的色谱分析，被测物的响应值与内标物的响应值之比是恒定的，此比值不随进样体积或操作期间所配制的溶液浓度的变化而变化，因此可得到较准确的分析结果。具体操作步骤如下：

在一定量（m）的样品中加入一定量（m_s）的内标物，根据待测组分和内标物的峰面积及内标物质的量计算待测组分质量（m_i）的方法，称为内标法。

$$w_i = \frac{m_i}{m} = \frac{m_i}{m_s} \times \frac{m_s}{m} = \frac{A_i f_i}{A_s f_s} \times \frac{m_s}{m}$$

式中，A_i、A_s 分别为待测组分和内标物的峰面积；f_i、f_s 分别为待测组分和内标物的校正因子，一般常以内标物为基准，故 $f_s = 1$。

内标法中内标物的选择需要满足以下条件：应是样品中不存在的稳定、易得的纯物质；内标峰应在各待测组分之间或与之相近；能与样品互溶但不发生化学反应；内标物浓度恰当，其峰面积与待测组分相差不大。

内标法的优点：定量准确，应用广泛；操作条件和进样量对分析结果影响不大，限制条件少。

内标法的不足：必须准确称量试样和内标物；对复杂的样品，有时难以找到合适的内标物。

三、色谱同时定性、定量分析方法

1. 混标加样法

在一定量的多组分混合标准溶液中加入一定量的样品试液进行测定的方法，取完全相同量的混标溶液两份，一份不加样品试液，另一份加入一定量的试液，在完全相同的条件下进行测定。

设待测组分在混合标准溶液中的质量为 m_s，产生的测定信号如峰高为 h_s。由于在一定的条件下测定时，m_s 和 h_s 在一定的范围内成正比，则有：$m_s = k_s h_s$，式中 k_s 为比例常数。

当混合标准溶液中加入样品时，若样品中没有该组分，质量仍为 m_s，在该组分保留值下产生的信号仍为 h_s；若样品中含有该组分，其质量设为 m_x，则该混合液中该组分的总质量为 $m_s + m_x$，该组分保留值下的测定信号增加，设为 h_{s+x}。据此，根据信号是否增加，可以进行定性分析。同时有：

$$m_s + m_x = k_{s+x} h_{s+x}$$

在完全相同的条件下测定时，上述两式中的 k 相同，因此，两式相除有：

$$m_x = \frac{m_s h_{s+x} - m_s h_s}{h_s} = \frac{m_s (h_{s+x} - h_s)}{h_s}$$

式中，除 m_x 外，m_s 为已知，h_{s+x} 和 h_s 可以从仪器上读出。

因此，只要测得测定信号即色谱峰峰高 h，即可快速求得样品中被测组分的质量 m_x，则该组分在样品中的质量分数 w 为：$w = \dfrac{m_x}{m_{样}} = \dfrac{m_s (h_{s+x} - h_s)}{m_{样} h_s}$，式中，

m_x 为相对应的样品质量。

以上测定数据均是在同机、同法、同背景、同条件下测得，混合标液和样品试液在同一个测定体系中是同步进行的。若有变化，其变化的程度是相同的，对定量分析结果的影响可以忽略不计。

2. 混标加样增量法同时定性、定量测定

取两份完全相同的混合标准溶液，第一份加入体积为 V_{x1} 的待测试液，第一份待测试液中待测组分的质量为 m_{x1}，设混合标准溶液中待测组分的质量为 m_s，那么加入待测试液后混合液中待测组分的总质量为 $(m_s + m_{x1})$，产生的测定信号如峰高设为 h_{s+x1}

$$\frac{m_s}{m_s + m_x} = \frac{k_s h_s}{k_{s+x} h_{s+x}} = \frac{h_s}{h_{s+x}}$$

第二份加入体积为 V_{x2} 的待测试液，第二份待测试液中待测组分的质量为 m_{x2}。设混合标准溶液中待测组分的质量为 m_s，那么加入待测试液后混合液中待测组分的总质量为 $(m_s + m_{x2})$，产生的测定信号如峰高设为 h_{s+x2}。

其中，$V_{x2} > V_{x1}$，$m_{x2} > m_{x1}$，$h_{s+x2} > h_{s+x1}$。

$$m_{x_1} = \rho_x V_{x_1} \qquad m_{x_2} = \rho_x V_{x_2}$$

由于在一定条件下测定时，测定信号与待测组分的量成正比，因此有：

$$m_s + m_{x1} = k h_{s+x1}$$
$$m_s + m_{x2} = k h_{s+x2}$$

在完全相同的条件下测定时，比例常数 k 相同，两式相除有：

$$\frac{m_s + m_{x_1}}{m_s + m_{x_2}} = \frac{h_{s+x_1}}{h_{s+x_2}}$$

$$\frac{m_s + \rho_x V_{x_1}}{m_s + \rho_x V_{x_2}} = \frac{h_{s+x_1}}{h_{s+x_2}}$$

$$\rho_x = \frac{m_s(h_{s+x2} - h_{s+x1})}{V_{x2} h_{s+x1} - V_{x1} h_{s+x2}}$$

式中，除了 ρ_x 未知，m_s 为混合标准溶液中待测组分的质量，为已知数值；所加样体积 V_{x1} 和 V_{x2} 为已知，h_{s+x1} 和 h_{s+x2} 可以从色谱仪上读出。

因此，可以计算出 ρ_x 在待测液中待测组分的质量 m_{x1} 和 m_{x2}；同时，根据称样的总质量和总定容体积可以计算出 V_{x1} 或 V_{x2}，对应的待测液中样品的质量 $m_{样1}$ 或 $m_{样2}$，

$$w = \rho_x V_x / m_{样} = m_x / m_{样}$$

式中，ρ_x 为试液中待测组分的质量浓度；V_x 为加入混合标液中的试液体积；$m_x = \rho_x V_x$，m_x 为 V_x 试液体积中待测组分的质量；$m_{样}$ 为 V_x 试液体积中的样品质量。

混标加样增量法实现了混合标准溶液和待测试液同体系、同本底背景、同方

法、同机、同条件下的同时定性和定量分析。当增加待测液添加量时，某组分在其保留值下的响应信号不会增加，可判断样品中不存在该组分，由此可以进行定性分析，若响应信号随着添加量的改变而改变，可判断样品中含有该组分，可按上述计算式计算其质量浓度或质量分数，进行定量分析。

该法以保留时间条件下组分信号是否有增加变化进行定性，以混合标准溶液加样后的出峰信号差比较进行定量，实现了：

① 混合标准溶液与样品中多组分在同体系、同背景、同机、同法、同步、同条件下进行的同时定性、定量分析，只需测得溶液中组分的信号，不用绘制外标曲线、不用测定各组分定量校正因子，节省时间，也不用归一化法让所有组分出峰，不需选择内标物即可获得结果，极大地提高了工作效率。

② 所用标准液、待测试液、试剂量少，成本低。

③ 实现了标准液和试液完全相同条件下的分离分析和同时测定，减少了因环境波动因素及试液所引入的干扰。而且，无需测定空白溶液，空白信号在测定过程中已经予以抵消，在计算公式中基本得到了扣除，准确度得到极大提高。

根据所用方法不同，测定信号可以是色谱峰峰高、色谱峰峰面积、相对发光强度、吸光度等，可行性和应用领域十分广泛，尤其适用于色谱分离分析技术。

第一节　气相色谱法

一、气相色谱法基本原理

气相色谱法是一种以气体为流动相的、分离测定气体及低沸点混合组分的重要方法。气相色谱法具有分离效率高、分析速度快、检测灵敏度高且选择性好等优点，可用于分离和分析恒沸混合物、某些同位素、顺式与反式异构体、旋光异构体等，因而在石油化工、医药卫生、环境监测、生物化学、食品检测等领域得到了广泛的应用。由于物质的物理化学性质和结构不同，固定相对各组分的吸附或溶解能力不同，载气携带各组分流经色谱柱被固定相保留的时间不同，混合物中各组分实现彼此分离，先后流出色谱柱进入检测器，产生的信号经放大后在记录器上描绘出各组分的色谱峰。根据各组分出峰位置进行定性分析，根据峰高或峰面积进行定量分析。

二、气相色谱仪主要组成部分

气相色谱仪种类很多，性能也各有差别，但都包括六个组成部分：载气系统、进样系统、分离系统、检测系统、数据处理系统和温控系统，其流程简图如图 4-1 所示。

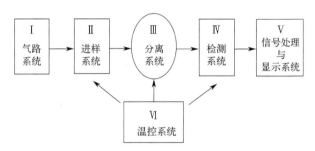

图 4-1　气相色谱仪流程简图

载气系统：包括气源、气体净化、气体流速控制和测量。

进样系统：包括进样器、气化室——将液体样品瞬间气化为蒸气。

分离系统：包括色谱柱和柱温——将混合样品中多组分分离开，先后出柱。

检测系统：包括检测器、放大器——将分离后各组分的含量转变为可测量的电信号，再经放大后输入记录装置。

信号处理与显示系统：记录检测器输出的模拟信号随时间的变化，即采集和处理测定数据。

温控系统：分别控制进样系统、分离系统和检测系统的温度。

附录：GC-2010Pro 气相色谱仪操作程序

1. 开机前准备

（1）根据要求配制好样品。

（2）根据实验要求，选择合适的色谱柱；气路连接应正确无误，并打开载气检漏；信号线接所对应的信号输入端口。

2. 开机

（1）打开所需载气气源开关，稳压阀调至 0.3～0.5 MPa，看柱前压力表有压力显示，方可开主机电源，调节气体流量至实验要求。

（2）在主机控制面板上设定检测器温度、气化室温度、柱箱温度，按"Download"键，仪器开始升温。

（3）打开氢气发生器和纯净空气泵的阀门，氢气压力调至 0.3～0.4 MPa，空气压力调至 0.3～0.5 MPa，在主机气体流量控制面板上调节气体流量至实验要求；待基线走稳，即可进样。

3. 关机

关闭 FID 的氢气和空气气源，将柱温降至 100 ℃以下，关闭主机电源，关闭载气气源。关闭气源时应先关闭钢瓶总压力阀门，待压力指针回零后，关闭稳压表开关，方可离开。

4. 手动进样注意事项

（1）进样应注意：手不要拿注射器的针头和有样品部位；进样溶液不要有气泡（吸样时要慢，快速排出再慢吸，反复几次；10 μL 注射器多吸 1～2 μL，注射器针尖朝上，气泡走到顶部再推动针杆排除气泡）；进样速度要快（1 s 内进样）；每次进样保持相同速度，针尖到气化室中部开始注射样品。

（2）防止进样针弯：进样口不要拧太紧；用进样器架进样；注射器内壁无污染。

实验 22　气相色谱法分离芳烃类化合物

一、实验目的

1. 了解气相色谱仪的基本构造和使用方法。
2. 了解气相色谱仪的工作原理和应用。
3. 掌握保留时间定性及归一化法定量的基本原理和测定方法。

二、实验原理

1. 气相色谱法简介

气相色谱法是以压缩气体（如氮气、氢气或氦气）作为流动相（或称载气），以多孔固体吸附剂（气-固色谱）或涂有固定液的载体（气-液色谱）作为固定相的一种色谱分离法。一般来说，此法适用于气体、液体，甚至一些固体试样的分离。对于难挥发的或在操作温度下易分解的试样，可制成易挥发的且热稳定性较好的衍生物进行分析。气相色谱法具有选择性高、灵敏度高、分析速度快、应用范围广等诸多特点，已经成为多组分混合物分离分析最有力的手段之一，广泛应用于石油、化工、医药、食品、环境、农业等领域。

载气连续恒定地经进样器进入色谱柱。当试样注入恒温的进样器后立即气化并以一团蒸气的形式被带入色谱柱入口而随载气移动。样品各组分便连续不断地吸附或分配于固定相中，由于各组分与固定相间的作用力类型和作用强度不同、保留时间不同从而实现分离。最后各组分按一定顺序随载气带出色谱柱进入检测器。检测器将组分在不同时间流出的量转变为电信号，经放大后驱动记录仪得一流出曲线，此即色谱图，如图 4-2 所示。

载气的流速对分离效果是有影响的。流速过快，组分流经色谱柱的时间短，来不及在气、液两相间达到平衡，分离效果差；流速过慢，虽然样品可在两相之间达到平衡，但又易发生扩散现象。所以适当的载气流速是气相色谱柱操作的一个重要参考。

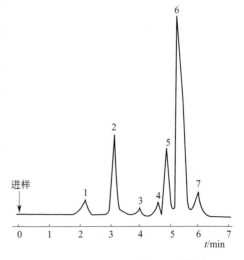

图 4-2　工业用二甲苯气相色谱图

1～3—甲苯及烷烃杂质；4—乙苯；

5—对二甲苯；6—间二甲苯；7—邻二甲苯

色谱柱室的温度是另一个重要操作条件。柱温过高，各组分在气液两相间的分配差异缩小，不易实现完全分离甚至完全不能分离；柱温偏低，有的组分难以气化移动，甚至滞留在色谱柱中不出峰或需较长时间才能流出。

色谱柱是色谱分离的核心部分。按柱粗细可分为一般填充柱和毛细管柱两类。填充色谱柱：多用内径 4～6 mm 的不锈钢管制成螺旋形柱管，常用柱长 2～4 m。填充液体固定相（气-液色谱）或固体固定相（气-固色谱）。毛细管色谱柱：柱管为毛细管，常用内径 0.1～0.5 mm 的玻璃或弹性石英毛细管，柱长几十米至百米。毛细管色谱柱按填充方式可分为开管毛细管柱及填充毛细管柱。按分离机制可分为分配柱和吸附柱等，它们的区别主要在于固定相。分配柱：一般是将固定液（高沸点液体）均匀地涂布在多孔的化学惰性固体上，构成液体固定相，利用组分的分配系数差别而实现分离。将固定液的官能团通过化学键结合在载体表面，称为化学键合相，不流失是其优点。吸附柱：将吸附剂（常用的有活性炭、硅胶、氧化铝等）装入色谱柱而构成，利用组分的吸附系数的差别而实现分离。除吸附剂外，固体固定相还包括分子筛与高分子多孔微球等。当固体固定相为分子筛时，分离是靠分子大小差异及吸附两种作用。

固定液的选择是气-液色谱的关键。固定液种类很多，一般可分为非极性、半极性及极性三大类。非极性固定液用于分离非极性或弱极性样品；极性固定液常用于分离极性样品。邻苯二甲酸二壬酯（DNP）是一种半极性固定液，适用于含氧化合物如酯、醚、醛、酮的分离。有机皂土-34 对于芳烃，尤其对于二甲苯异构体的分离有很好的效果。当一种固定液不足以解决某一物质的分离时，可采用混合固定液。各种固定液都有其最高使用温度，超过此温度会引起固定液挥发而流失，使色谱柱失效，检测器也遭受污染。

常用的检测器有热导池检测器（TCD）和氢火焰离子化检测器（FID）。热导池的核心部分是由铼钨丝制成的热敏元件。当试样随载气通过热敏元件时，由于流出混合气体的热导率与该流出组分的浓度及热导率有关，因而从热敏元件上带走的热量也不同，使得热敏元件的温度发生改变，其电阻值也随之改变，于是输出可供记录的电信号。热导池检测器使用简便、稳定性好、对大多数有机物有足够的响应、不破坏样品，且对微量水分也能检测出，适合常量分析及含量在几十个 ppm 以上组分的分析。

氢火焰离子化检测器使流出组分在氢-氧火焰中分解电离。生成的离子在电场作用下做定向移动而形成离子流，经微电流放大后驱动记录仪记录。氢火焰离子化检测器需要三种气体：载气、氢气和助燃的压缩空气。

2. 归一化法定量分析

色谱图中记录某个组分的那一部分曲线称为色谱峰，色谱峰可近似地看成对称的高斯曲线。从进样时算起至色谱峰顶的时间称为该峰的保留时间（t_R）。操作条件是各物质的保留时间不变，因此用已知的标准物质进行比较常可推测某一色谱峰属于何种物质，这就是定性的依据之一。色谱峰的峰高或峰面积与该组分的含量相关，这就是定量分析的基础。峰高 h 是指峰顶到峰底（基线）的距离。峰面积 A

可近似地由峰高乘二分之一峰高处的宽度（即半峰宽 $W_{1/2}$）算出：$A = h \times W_{1/2}$。

检测器对某一组分 i 的响应值（如峰面积 A_i）与该组分通过检测器的量 m_i 呈线性关系：$m_i = f_i \times A_i$，式中，f_i 为比例系数，定量分析中称为校正因子，与检测器的特征及被测物质的本性有关。

面积归一化法就是由峰面积的百分比而求出物质相对含量的方法，计算式如下：

$$w_i = \frac{A_i f_i}{\sum A_i f_i} \times 100\%$$

式中，w_i 为组分 i 的百分含量；$A_1 \cdots A_n$ 为各组分对应的峰面积；$f_1 \cdots f_n$ 为各组分的校正因子。

若样品中各组分性质相似，f_i 值则近似相同，上式可简化。

比如工业二甲苯是乙苯、对二甲苯、间二甲苯、邻二甲苯的混合物，沸点分别为 136.2 ℃、138.4 ℃、139.1 ℃、144.1 ℃，性质极为相似，一般方法难以分析它们的百分含量，用气相色谱法可得到满意结果。

三、仪器、试剂与材料

仪器：岛津 GC-2010Pro 型色谱仪（带 FID）；毛细管柱；氮气瓶；1 μL 微量进样器。

样品：甲苯；氯苯；对氯甲苯。

四、色谱条件

气化室温度：180 ℃　　　　　柱箱温度：150 ℃

检测器温度：160 ℃　　　　　载气流速：20 mL/min

空气流速：400 mL/min　　　　氢气流速：30 mL/min

五、实验步骤

1. 色谱仪调试

① 先通载气（氮气瓶出口压力调到 3 kgf/cm^2），检查整个气路是否漏气，并调节载气流量；

② 打开主机电源，然后设置气化室、柱箱和检测器温度；

③ 打开检测器开关，设置量程，选择极性；

④ 打开加热开关，并按"起始"键；

⑤ 开启氢气和空气开关（氢气瓶出口压力调至 2 kgf/cm^2，空气瓶出口压力调至 3～4 kgf/cm^2），并调节流量；

⑥ 检测器温度恒定后，点火（氢气流量可开大些或减少空气流量，以利于点燃）。

⑦ 火点燃后，调节载气、氢气和空气流量至所需位置；

⑧ 打开色谱工作站，查看基线；

⑨ 调节检测器面板的调零旋钮，使输出电频为零；

⑩ 待基线稳定后，即可进样分析。

2. 样品测定

记录仪基线走稳后，进样 1.0 μL 混合物，测得各组分的保留时间，平行作三次，用峰面积乘以它们的校正因子后求和的归一化法计算混合物中各组分的含量。即：

$$w_i = \frac{A_i f_i}{\sum A_i f_i} \times 100\%$$

六、注意事项

1. 氢气使用安全事宜。

2. 工作站各设备开、关次序。

3. 注射器的正确使用：小心插针/快速注入/匀速拔出/及时归位。

4. 计时与注入的同步性。

七、思考题

1. 归一化法的要求条件有哪些？

2. 为什么归一化法对进样要求不太严格？

实验 23 气相色谱法测定含酚废水中的苯酚含量

一、实验目的

1. 掌握用保留时间对样品中苯酚进行定性分析的方法。
2. 掌握单点校正法定量分析的原理和方法。

二、实验原理

酚是一种芳香族碳氢化合物的含氧衍生物,酚类化合物是化工、钢铁等工业废水的主要有毒成分。含酚废水的毒性涉及水生生物的生长和繁殖,污染饮用水源,对水体造成严重污染等,严重威胁人类健康。利用样品中各组分(酚)在流动相和固定相中分配系数不同而使之分离,载气将分离后的各组分依次带入氢火焰离子化检测器(FID),各组分在火焰中发生化学电离生成正离子和负离子,在电场的作用下,这些离子分别向两极移动形成微弱电流,此电流经放大后输送至记录仪,由记录仪记录下各组分的色谱峰。根据苯酚的保留值和峰高,对其进行定性和定量分析。

三、仪器、试剂与材料

仪器:气相色谱仪(配 FID,毛细管柱,氮气作载气);5 μL(或 1 μL)微量进样器。

试剂与材料:苯酚标准品;含酚废水。

四、色谱条件

气化室温度:260 ℃   柱箱温度:160 ℃

检测器温度:220 ℃   载气流速:30 mL/min

氢气流速:50 mL/min   空气流速:400 mL/min

灵敏度:10^4

五、实验步骤

1. 色谱仪的调试

① 先通载气(氮气瓶出口压力调到 3 kgf/cm^2),检查整个气路是否漏气,并调节载气流量。

② 打开主机电源,然后设置气化室、柱箱和检测器温度。

③ 打开检测器开关,设置量程,选择极性。

④ 打开加热开关,并按"起始"键。

⑤ 开启氢气和空气开关(氢气瓶出口压力调至 2 kgf/cm^2,空气瓶出口压力调至 3~4 kgf/cm^2),并调节流量。

⑥ 检测器温度恒定后,点火(氢气流量可开大些或减少空气流量,以利于点燃)。

⑦ 火点燃后，调节载气、氢气和空气流量至所需位置。

⑧ 打开色谱工作站，查看基线。

⑨ 调节检测器面板的调零旋钮，使输出电频为零。

⑩ 待基线稳定后，即可进样分析。

2. 样品测定

待基线稳定后，即可进样分析。在分析时进行三次标样，三次试样，各取其平均值峰高。同时测标样和试样中苯酚的保留时间，以确定试样中苯酚的含量。其计算式如下：

$$c_x = \frac{h_x}{h_s} \times c_s$$

式中　c_x——试样中苯酚的含量；

　　　c_s——标样中苯酚的含量；

　　　h_x——试样中苯酚的平均峰高；

　　　h_s——标样中苯酚的平均峰高。

六、思考题

1. 色谱定量分析有哪些方法？

2. 哪些情况下可用单点校正法？

3. 色谱定性方法有哪几种？

4. 利用保留时间定性有什么优缺点？

实验 24　气相色谱法测定白酒中的醇系物含量

一、实验目的

1. 掌握同系物的分离分析方法。
2. 掌握一种常用的定量分析方法（内标法）。

二、实验原理

按照国家标准，各类白酒要检测其中醇、醛及酯的含量。醇系物指甲醇、乙醇、正丙醇和正丁醇等，其中常含有水分。醇系物在 GDX-103 固定相上于适当的柱温下，各组分可完全分离。所得的水分、甲醇、乙醇及正丙醇的色谱峰都是狭窄而对称的，而正丁醇的谱峰则稍宽。气相色谱法检测白酒中醇系物时，某些组分含量较低或并非所有被测组分都出峰，不适合用归一化法，对于能出峰的组分，可采用内标法分析。本实验采用内标法对同一样品进行定性分析。

使用内标法应满足如下条件：
① 样品在所给定的色谱条件下具有很好的稳定性；
② 内标物与测定物质具有相似的保留行为；
③ 与两个相邻峰达到基线分离；
④ 校正因子为已知或可测定；
⑤ 内标物与待测组分的浓度相近；
⑥ 内标物具有较高的纯度。

三、仪器、试剂与材料

仪器：气相色谱仪（带热导池检测器，毛细管柱，氢气作载气）；5 μL 微量进样器。

试剂与材料：白酒样（市售）；丙酮（分析纯）；无水乙醇（分析纯）；无水正丙醇（分析纯，作内标物）；醇系物混合物。

四、色谱条件

气化室温度：150 ℃　　　　　　　　　　柱箱温度：125 ℃
检测器温度：130 ℃　　　　　　　　　　桥电流：200 mA
载气流速（参考）：N_2 40 mL/min；H_2 35 mL/min；空气 400 mL/min。

五、实验步骤

1. 色谱仪的调试

先通载气后，开启色谱仪电源，调节色谱仪气化室温度和柱箱温度（检测器温度与柱箱温度一致）至设定温度。待温度到达指示温度后，打开热导池检测器电源开关，调节电流至 200 mA。

2. 标准溶液的配制：用吸量管准确吸取 0.50 mL 无水乙醇和 0.50 mL 无水正丙醇于 10 mL 容量瓶中，用丙酮定容至刻线，摇匀。

3. 样品溶液的配制：用吸量管准确吸取 1.00 mL 白酒样品于 10 mL 容量瓶中，加入 0.50 mL 无水正丙醇（内标物），用丙酮定容至刻线，混匀。

4. 标准溶液和样品溶液气相色谱分析

记录仪基线走稳后，进样 1.0 μL 标准溶液，记录气相色谱曲线，求出乙醇对正丙醇的峰面积及相对校正因子。再进样品溶液，记录各色谱峰的保留时间和色谱峰面积，与标准溶液的色谱图对照，确定样品的乙醇和正丙醇的峰位，求出试样中乙醇等待测物的质量分数。

根据样品、内标物的质量以及在色谱上产生的相应峰面积，利用下式计算组分含量。

$$w_i = \frac{f_i}{f_s} \times \frac{m_s}{m_{样}} \times \frac{A_i}{A_s} \times 100\%$$

式中，w_i 为试样中组分 i 的质量分数；A_i 为组分 i 的峰面积；A_s 为内标物的峰面积；f_i 为组分 i 的校正因子；f_s 为内标物的校正因子；m_s 为内标物的质量；$m_{样}$ 为样品的质量。

热导池检测器（氢气作载气）各组分的质量校正因子如下：

组分	水	甲醇	乙醇	正丙醇	正丁醇
f_i	0.55	0.53	0.64	0.72	0.78

六、思考题

1. 氢气作载气为什么比氮气作载气的灵敏度高？

2. 本实验的定量方法需具备什么条件？

3. 含水的醇系物为什么可用 GDX 型固定相分析？

4. 在同一操作条件下为什么可用保留时间来鉴定未知物？

第二节　高效液相色谱法

俄国植物学家 Tswett 为了分离植物色素发明了液相色谱。Kuhn 用这一方法成功地分离了胡萝卜素和叶黄素，并因此获得了诺贝尔奖。以经典液相色谱法为基础，引入气相色谱法的理论与实验方法，在技术上采用了高压泵、高效固定相和高灵敏度检测器，发展成为具有高效、高速、高灵敏的液相色谱技术。

一、高效液相色谱基本原理

高效液相色谱法的原理是以液体为流动相，采用高压输液系统，将具有不同极性的单一溶剂或不同比例的混合溶剂、缓冲液等流动相泵入装有固定相的色谱柱，在柱内各成分被分离后，进入检测器进行检测。

高效液相色谱法具有"四高一广"的特点。

① 高压：流动相为液体，流经色谱柱时，受到的阻力较大，为了能迅速通过色谱柱，必须对载液加高压。

② 高速：分析速度快，载液流速快，较经典液体色谱法速度快得多，通常分析一个样品为 15～30 min，有些样品甚至在 5 min 内即可完成，一般小于 1 h。

③ 高效：分离效能高。可选择固定相和流动相以达到最佳分离效果，比工业精馏塔和气相色谱的分离效能高出许多倍。

④ 高灵敏度：紫外检测器可达 0.01 ng，进样量在 μL 数量级。

⑤ 应用范围广：70%以上的有机化合物可用高效液相色谱分析，特别是高沸点、大分子、强极性的天然产物，生化试样，热稳定性差化合物的分离分析，显示出优势。

高效液相色谱法通常在室温下操作，特殊情况下也可在 30～40 ℃的柱温下操作，样品通常只需要简单预处理即可。高效液相色谱柱具有可反复使用、样品不被破坏、易回收等优点。高效液相色谱的缺点是有"柱外效应"，在从进样器到检测器之间，除了柱子以外的任何死空间（进样器、柱接头、连接管和检测池等）中，如果流动相的流型有变化，被分离物质的任何扩散和滞留都会显著地导致色谱峰的加宽，柱效率降低。高效液相色谱检测器的灵敏度不及气相色谱。高效液相色谱与气相色谱相比各有所长，相互补充。

二、高效液相色谱仪结构示意图

高效液相色谱仪由五部分组成：溶剂输送系统、进样系统、分离系统、检测系统、数据处理系统。高效液相色谱仪的流程简图如图 4-3 所示。流动相通过输液泵流经进样阀，与样品溶液混合，流经色谱柱，在色谱柱中进行吸附、分离，最后每一组分分别经过检测器转变为电信号，在色谱工作站上出现相应的样品峰。

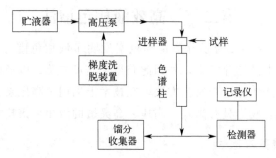

图 4-3　高效液相色谱仪的流程简图

附录：日立 L2000 高效液相色谱仪操作规程

1. 流动相的预处理

① 过滤流动相，根据需要选择不同的滤膜。

② 对过滤后的流动相进行超声脱气 10～20 min。

2. 启动液相色谱仪

① 检查仪器的电源线是否已连接。

② 打开仪器背面的电源开关。

③ 依次打开柱箱、输液泵、检测器电源（在平衡和冲洗色谱柱时需将检测器关闭）。

3. 运行色谱工作站程序

打开 Elite 程序，进行联机初始化；初始化完毕后点击"确定"。

4. 排气

① 将流动相放入溶剂瓶中。

② 点击 ▦ 菜单，单击"净化"。

③ 将输液泵阀打开（逆时针旋转 180°）。

④ 设置净化流量，启动净化，选择各管路，开始排管道气泡。

⑤ 仔细观察管路，至无气泡流出时，点击"关闭净化"停止排液。

⑥ 关闭净化，关闭输液阀（顺时针旋紧输液泵阀）。

5. 编辑分析方法

① 泵流速的设定。

② 柱温设定。

③ 检测器参数设定。

④ 保存分析方法。

6. 样品分析与采集数据

① 点击数据采集按钮 ≫◇ ，选择编辑好的分析程序，进入信号采集界面。

② 打开泵开关，注意观察"系统状态"窗口信息，至基线平稳时，点击"分

析开始",可开始进样分析。

7. 进样

① 将进样阀逆时针旋至 Load 位,插入进样针,进样。

② 进样后立即将进样阀顺时针旋至 Inject 位,工作站开始采集信息。

8. 谱图处理

数据采集完毕后,点击停止进样。点击"再处理"和"报告"图标对图谱进行再处理,出报告图。

9. 冲洗色谱柱

根据色谱柱的性能、指标和色谱分析过程中使用的流动相等情况,选择合适的溶剂充分清洗系统中残留的组分,保护柱效。

10. 关机

依次关闭工作站,关闭输液泵电源,关闭检测器电源及其他窗口,关闭计算机,关闭各模块电源,关闭仪器总开关。

实验 25　高效液相色谱法测定食品中防腐剂含量

一、实验目的

1. 熟悉高效液相色谱仪的组成及工作原理。
2. 熟悉饮料等样品前处理方法。
3. 掌握高效液相色谱测定防腐剂含量的方法。

二、实验原理

为了防止食品在储存和运输过程中发生变质、腐败，常在食品中添加少量防腐剂，一般为千分之一左右（g/kg）。苯甲酸和山梨酸以及它们的钠盐、钾盐是食品卫生标准允许使用的两种主要防腐剂，且食品卫生标准对防腐剂的用量有严格的规定。苯甲酸具有芳烃结构，分别在波长 230 nm 和 272 nm 处有 K 吸收带和 B 吸收带；山梨酸具有 α-、β-不饱和羰基结构，在波长 250 nm 处有 $\pi \rightarrow \pi*$ 跃迁的 K 吸收带，因此根据它们的紫外光谱特征可以用紫外检测器检测。

由于食品中其他组分也可能对防腐剂的测定产生干扰，因此需要对样品进行预处理。对食品中微量防腐剂如苯甲酸的测定，首先将样品进行预处理，除去二氧化碳，调节 pH 至中性，过滤后经反相色谱分离，根据保留值和峰面积进行定性和定量。本实验根据对照标准物质与样品色谱图的保留值进行定性，采用标准曲线法进行定量。

三、仪器、试剂与材料

仪器：液相色谱仪（L2000 型）；紫外检测器；C_{18} 反相不锈钢色谱柱；微量进样器。

试剂与材料：甲醇：氨水（1∶1）；乙酸铵溶液（0.02 mol/L）；苯甲酸标准储备液（1 mg/mL）。

四、实验步骤

1. 试样处理

① 准确称取样品（精确至 0.0001 g，思考具体称量范围？）。

② 除去二氧化碳（加热法或超声法）。

③ 调节溶液 pH 值至中性。

④ 定容（思考如何确定具体体积及如何实现？）后溶液经滤膜（0.45 μm 膜）过滤备用。若样品处理前为浑浊液，如果汁类，应先离心分离，清液用滤膜（0.45 μm 膜）过滤。

2. 标准溶液的配制

准确移取苯甲酸标准储备液，配制成 5 个不同浓度的苯甲酸标准溶液各

5.00 mL，用高纯水定容（自行确定具体方案）。

3. 工作条件的确定（良好的分离为标准）

流动相：甲醇：乙酸铵溶液＝10：90（参考），或试验确定。使用前要超声脱气。

流速：1 mL/min，或试验确定。

柱温：35 ℃或试验确定。

检测器波长：230 nm，或根据检测物质结构，试验确定，一般为紫外最大吸收波长。

进样量：10 μL或试验确定。

4. 色谱分析

仪器稳定后，设置好方法文件和样品表，准备好样品后进行液相色谱实验，记录色谱图，读出各峰的保留时间和峰面积等数据。

5. 山梨酸的测定

参考测定苯甲酸的实验步骤，自行设计并完成样品中山梨酸的分析检测、数据记录和处理。

五、数据记录与处理

（1）定性：判断样品是否含有苯甲酸。

（2）定量：作出标准曲线图，得到线性回归方程，计算样品中苯甲酸的浓度。

苯甲酸浓度/(μg/mL)	标准溶液					试样溶液
峰高或峰面积						
样品中苯甲酸含量/(g/kg)						

六、思考题

1. 液相色谱仪由哪几部分组成？各起什么作用？

2. 流动相的选择有哪些依据？

3. 柱压不稳定的原因是什么？

实验 26　高效液相色谱法测定指画颜料中三氯生和三氯卡班含量

一、实验目的

1. 熟悉高效液相色谱仪的组成及工作原理。
2. 掌握高效液相色谱测定三氯生和三氯卡班含量的方法。

二、实验原理

指画颜料是一种为儿童特别设计的涂料玩具，通过用手或手指蘸取进行绘画使用。其中的有毒有害物质可通过皮肤接触、舔食进入儿童体内，因此指画颜料的质量安全受到广大家长和消费者的关注。三氯生和三氯卡班均具有杀菌、抑菌和防腐的功效，常作为添加剂用于日化用品、洗涤用品和玩具中。三氯生属含氯苯醚，三氯卡班属含氯苯脲，二者都是国际上广泛使用的含氯芳香族广谱抗菌剂，具有很好的稳定性，不容易受到环境以及添加成分的影响而发生改变。三氯生和三氯卡班潜在风险在于，当这两种被广泛应用在人类日常生活用品中的物质被使用后随污水排放，如果污水未经妥善处理，这两种物质会进入土壤系统中，可能通过农作物根系吸收，通过生物放大作用后，被人体食用，达到一定量时，会对人体产生不良影响。皮肤直接接触此类产品并不会对人体产生危害。目前，在欧盟、美国、日本等国家和地区，三氯生和三氯卡班是允许使用的。国际上对三氯生和三氯卡班在日化生产中有严格的使用标准。作为化妆品的防腐剂，国际上允许使用浓度标准为小于0.2%。作为洗涤剂活性成分时，允许使用最高浓度为 2%。我国的相关产品生产标准，与国际标准一致。

本实验采用甲醇作为提取溶剂，经超声提取 10 min，离心，取出清液，残留物再次提取，合并两次提取清液。过滤后，采用高效液相色谱进行分离，二极管阵列检测器检测，外标法定量。

三、仪器与试剂材料

仪器：液相色谱仪（L2000 型）；C_8 分离柱（250 mm×46 mm，5 μm 粒径，或相当者）；紫外检测器或二极管阵列检测器；超声波清洗器；离心机；分析天平；尼龙膜过滤器（孔径 0.22 μm）；具塞离心管（50mL）。

试剂与材料：甲醇；纯度≥99%的三氯生（CAS 号：3380-34-5）和三氯卡班（CAS 号：101-20-2）标准品。以上试剂除非另有规定，仅使用色谱纯试剂及以上。实验室用水符合 GB/T 6682—2008 规定的一级水要求。

四、实验步骤

1. 标准溶液的配制

（1）三氯生标准储备溶液：称取适量三氯生（精确至 0.1 mg）标准品，以甲醇配制成浓度为 1000 mg/L 的标准储备溶液，置于 -18 ℃ 冰箱中，有效期为 6 个月。

（2）三氯卡班标准储备溶液：称取适量三氯卡班（精确至 0.1 mg）标准品，以甲醇配制成浓度为 1000 mg/L 的标准储备溶液，置于 -18 ℃ 冰箱中，有效期为 6 个月。

（3）三氯生标准工作溶液：以甲醇逐级稀释三氯生标准储备溶液，制备一组标准工作溶液，浓度分别为 0.5 mg/L、1 mg/L、2 mg/L、5 mg/L、10 mg/L、20 mg/L 和 50 mg/L。有效期为 24 h。

（4）三氯卡班标准工作溶液：以甲醇逐级稀释三氯卡班标准储备溶液，制备一组标准工作溶液，浓度分别为 0.1 mg/L、0.5mg/L、2 mg/L、5mg/L、10mg/L、20mg/L 和 50mg/L。有效期为 24 h。

2. 试样的制备

选取有代表性的指画颜料样品，准确称取 0.2 g（精确至 0.1 mg）置于 50 mL 离心管中，加入 10 mL 甲醇，振荡 1 min 使试样充分浸润，在超声波清洗器中室温下超声提取 10 min，使用离心机于 16000 g 下离心 5 min，取出清液，向残留物中再次加入 10 mL。按上述方式提取，离心并取出清液。合并两次提取清液，取溶液经膜过滤器后，所得滤液经高效液相色谱仪测定。

空白实验：除不加试样外，按上述步骤进行。

回收率实验：在试样中定量加入适当的已知浓度的标准溶液，进行回收率分析，回收率应为 85%～110%。

3. 高效液相色谱条件（可参考下列参数设置）

① 流动相：流动相 A 为水，流动相 B 为甲醇，梯度洗脱程序见表 4-1。

② 流速：1.0 mL/min。

③ 检测波长：三氯生测定波长为 281 nm，三氯卡班测定波长为 263 nm。

④ 柱温：30 ℃。

⑤ 进样量：5 μL。

表 4-1　流动相梯度洗脱程序

时间/min	流动相 A/%	流动相 B/%
0	28	72
11	28	72
15	0	100
20	28	72
25	28	72

4. 标准溶液色谱分离图

按照上述色谱条件测定三氯生和三氯卡班的标准工作溶液，记录三氯生和三氯卡班标准溶液的高效液相色谱图（参考图 4-4）。以色谱峰面积为纵坐标，以其对应的浓度为横坐标，绘制标准工作曲线。

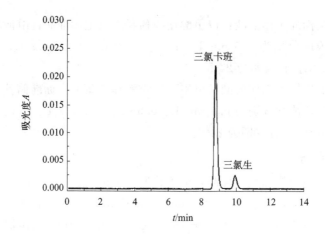

图 4-4   三氯生和三氯卡班的高效液相色谱分离图

（1）样品溶液定性分析

取制备好的试样溶液，按照上述色谱条件进行测定，记录色谱峰的保留时间，通过对比试样和标准工作溶液中目标化合物的保留时间进行定性分析。

（2）样品溶液定量分析

记录色谱峰的峰面积响应值，在线性范围内，用外标法定量。若三氯生和三氯卡班的含量超出标准曲线的范围，用适量甲醇稀释至标准曲线范围内。

五、数据记录与处理

1. 自行设计表格记录实验数据。

2. 绘制三氯生和三氯卡班的工作曲线。

3. 样品溶液中三氯生和三氯卡班的定性分析结果。

4. 样品溶液中三氯生和三氯卡班的定量分析结果（结果保留至小数点后一位）。

指画颜料中三氯生和三氯卡班的含量按下式进行计算：

$$x = \frac{\rho V f}{m}$$

式中 x——试样中三氯生和三氯卡班的含量，mg/kg；

ρ——试液中三氯生和三氯卡班的质量浓度，mg/L；

V——试样的定容体积，mL；

f——稀释倍数；

m——试样的质量，g。

5. 回收率实验结果。

GB/T 41436—2022 指画颜料中三氯生和三氯卡班含量的测定　高效液相色谱法

第五章 其他仪器分析和仪器联用分析实验

第一节 X射线粉末衍射法

X射线衍射法（XRD）分为单晶X射线衍射法和多晶粉末X射线衍射法。单晶X射线衍射法的检测对象是单颗晶体，主要用于分子量和晶体结构的测定。粉末X射线衍射法的检测对象是众多随机取向的微小颗粒，它们可以是晶体或非晶体等固体样品，粉末X射线衍射法可用于样品的定性和定量分析、结晶度定性分析、多晶形种类和晶形纯度分析、宏观和微观应力分析。根据检测要求和检测对象不同，可选择相应方法。

一、X射线衍射法的基本原理

X射线的波长（$0.001\sim10$ nm）和晶体内部原子间距离相近，晶体可以作为X射线的空间衍射光栅，即一束单色X射线照射到物体上时，受到物体中原子的散射，每个原子都产生散射波，这些波互相干涉，结果就产生了衍射。衍射波叠加的结果使X射线的强度在某些特殊方向上加强，在其他方向上减弱。衍射条件遵循布拉格方程式：$n\lambda = 2d_{hkl} \cdot \sin\theta$。式中，$d_{hkl}$为晶面间距（$hkl$为晶面指数）；$\theta$为入射光束与反射面的夹角；$\lambda$为X射线的波长；$n$为衍射级数，其含义是：只有照射到相邻两镜面的光程差是X射线波长的n倍时才产生衍射。衍射线在空间分布的方位和强度与晶体结构密切相关，这就是X射线衍射的基本原理。分析在照相底片上得到的衍射花样，便可确定晶体结构。晶体对X射线衍射示意图如图5-1所示。

当X射线以掠角θ（入射角的余角）入射到某一点阵晶格间距为d的晶面上时，在符合布拉格方程的条件下，在反射方向上得到因叠加而加强的衍射线。布拉格方程简洁直观地表达了衍射所必须满足的条件。当X射线波长λ已知时（选用固定波长的特征X射线），采用细粉末或细粒多晶体的线状样品，可从一堆任意取向的晶体中，从每一θ角符

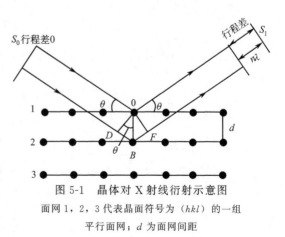

图5-1 晶体对X射线衍射示意图

面网1，2，3代表晶面符号为（hkl）的一组

平行面网；d为面网间距

合布拉格方程条件的反射面得到反射，测出 θ 后，利用布拉格方程即可确定点阵晶面间距、晶胞大小和类型；根据衍射线的强度，还可进一步确定晶胞内原子的排布。

Scherrer 公式为 $L = k\lambda/(\beta\cos\theta)$，式中，$\lambda$ 是 X 射线的波长，本实验中 $\lambda = 0.15405$ nm；k 为常数，取值为 0.89；β 是衍射峰的半高宽；θ 为衍射角。通过半波高的线宽可以计算材料的晶粒大小。

每种化学物质，当其化学成分和固体晶型固定时，就有其独立的特征 X 射线衍射谱图和数据，包括衍射峰位置（2θ 值或 d 值）、衍射峰数量、衍射峰的绝对强度和相对强度及不同衍射峰之间的比例。

对于晶体材料，当待测晶体与入射束呈不同角度时，那些满足布拉格衍射的晶面就会被检测出来，体现在 XRD 图谱上就是具有数十个乃至上百个不同衍射强度的衍射峰（锐峰）。对于非晶体材料，由于其结构不存在晶体结构中原子排列的长程有序，只是在几个原子范围内存在着短程有序，故非晶体材料的 XRD 图谱中峰的个数相对较少，且峰较宽，峰形呈馒头状。在定量测定中，两者在相同位置的衍射峰的绝对强度值存在较大差异。

同一化学物质可能有两种或两种以上的不同晶体结构，即有多种晶形或同质异形，也就是多晶现象。这种多晶形现象可能由物质的分子构型、分子构象、分子排列形式和分子间作用力的变化引起，也可能是水分子或溶剂分子的加入导致的。每种晶形都有各自的特征粉末 X 射线衍射谱图。当化学物质结构相同，而衍射谱图中的衍射峰数量、相对强度、位置和峰形存在差异时，表明这个化合物存在多晶形现象。

二、X 射线粉末衍射仪的基本构造

X 射线粉末衍射仪又称多晶 X 射线衍射仪，测试对象通常为粉末、多晶体金属或高聚物等固体材料，主要由 X 射线发生器、狭缝系统、滤光系统、样品台、测角仪、X 射线探测器和仪器系统控制装置组成，如图 5-2 所示。

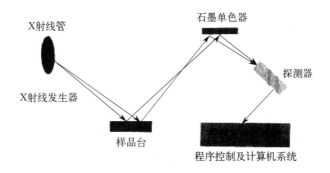

图 5-2　X 射线粉末衍射仪示意图

实验 27　X 射线粉末衍射法进行物相分析

一、实验目的

1. 了解 X 射线衍射仪的工作原理和仪器结构。
2. 掌握 XRD 的操作步骤和注意事项。
3. 熟练掌握 X 射线衍射进行物相分析的方法。

二、实验原理

每一种结晶物质都有其独特的化学组成和晶体结构。因此，当 X 射线被晶体衍射时，每一种结晶物质都有自己独特的 X 射线衍射图，而且不会因为与其他物质混合在一起而发生变化。根据晶体对 X 射线的衍射特征——衍射线的位置、强度及数量来鉴定结晶物质的物相的方法，就是 X 射线物相分析法。它们的特征可以用各个衍射晶面间距 d 和衍射线的相对强度 I/I_1 来表征，因而可以根据它们来鉴别结晶物质的物相。物相定性分析是 X 射线衍射分析中最常用的一项测试，衍射仪可自动完成这一过程。首先，仪器按给定的条件进行衍射数据自动采集，接着进行寻峰处理并自动启动程序。当检索开始时，操作者要选择输出级别（扼要输出、标准输出或详细输出），选择所检索的数据库（在计算机硬盘上存储着物相数据库，约有物相 46000 种，并设有无机、有机、合金、矿物等多个分库），指出测试时所使用的靶、扫描范围、实验误差范围估计，并输入试样的元素信息等。之后，系统将进行自动检索匹配，并将检索结果打印输出。规模最庞大的多晶衍射数据库是由粉末衍射标准联合委员会（Joint Committee on Powder Diffraction Standards，JCPDS）编纂的《粉末衍射卡片集》。

常用的 X 射线衍射物相定性分析方法有以下两种：

1. 三强线法

① 从前反射区（$2\theta < 90°$）中选取强度最大的 3 根线，并使其 d 值按强度递减的次序排列。

② 在数字索引中找到对应的 d_1（最强线的面网间距）组。

③ 按次强线的面网间距 d_2 找到接近的几列。

④ 检查这几列数据中的第三个 d 值是否与待测样的数据对应，再查看第四至第八强线数据并进行对照，最后从中找出最可能的物相及其卡片号。

⑤ 找出可能的标准卡片，将实验所得 d 及 I/I_1 跟卡片上的数据详细对照，如果完全符合，物相鉴定即告完成。

如果待测样的数据与标准数据不符，则需重新排列组合并重复②～⑤的检索步骤。

如为多相物质，当找出第一物相之后，可将其线条剔出，并将留下线条的强度重新归一化，再按步骤①～⑤进行检索，直到得出正确答案。

2. 特征峰法

对于经常使用的样品，应该充分了解其衍射谱图，可根据其谱图特征进行初步判断。例如，若在 26.5°左右有一强峰，在 68°左右有五指峰出现，则可初步判定样品中含 SiO_2。

三、仪器、试剂与材料

仪器：DX-2600 X 射线粉末衍射仪。

试剂：Cl/Br/I 无机盐的纯物质和混合物、醇盐水解法制备的 TiO_2 样品。

四、实验步骤

1. 研磨样品：用玛瑙研钵将试样研细至手感无颗粒感觉即可。

2. 制备待分析物质样品：将样品架置于一干净的平板玻璃上，把研细的样品填入样品架的内框中，将样品压片均匀平整。

3. 将制好样的玻璃板插入分析槽。

4. 开启 X 射线粉末衍射仪，设定工作仪器参数和扫描条件。电压 35 kV；电流 20 mA；扫描步径 0.02°；2θ 扫描范围 10°～90°。点击开始测量。

5. 进行衍射实验和数据采集，采集完后将数据存盘。

五、数据处理及物相鉴定

测试完毕，可将样品测试数据存入磁盘供随时调出处理。原始数据需经过曲线平滑，k、a 的扣除，谱峰寻找等数据处理步骤，最后打印出待分析试样衍射曲线和 d 值、2θ、强度、衍射峰宽等数据，X 射线粉末衍射仪带有一套比较完整的衍射数据处理分析系统，可进行数据处理和样品物相的查卡鉴定。

六、注意事项

1. 在打开 X 射线发生器高压开关前，一定要检查循环水是否正常工作。因为高压下电子轰击靶枪时，除了少部分能量以 X 射线的形式放出外，其余能量转化为热量，需用冷却水吸收。如冷却水循环没有正常工作，会对设备造成严重损坏。

2. 打开 X 射线衍射仪护罩门时，必须先按"Open Door"开门，禁止强制拉开护罩门。

3. 关闭 X 射线衍射仪护罩门时，一定要轻轻推一下护罩门，听到"咯噔"的声音确保门关上，这样仪器才能开始正常测试。

4. 对于颗粒较大的样品，一定要充分研磨，有利于测量分析。同时，换样时一定要轻，不要将样品洒到样品台上；而且样品盘在接触样品台时切勿发生碰撞而导致部分样品弹出，这样有可能会导致样品表面不平，对测量角度有影响。

5. 在测量一般角度范围（10°～70°）时，一般选择 1.0 mm 的狭缝；如果测量小角度范围（0.5°～10°），选择 0.1 mm 的狭缝。

6. 样品在分析测试过程中，不准打开 X 射线衍射仪的窗门，也不准随意点击停止，更不准随意关闭电源。

七、思考题

1. 如果样品的衍射峰尖锐说明了什么？如果衍射峰宽化又说明了什么？

2. 材料具有多个晶面，每个晶面对应一个粒径，那么材料的平均粒径如何计算？

3. 扫描速度的快慢是否影响材料特征衍射峰的位置？

4. 简述 X 射线衍射仪的结构和工作原理。沥青和玻璃丝会产生衍射谱图吗？为什么？

5. 实验中如何防止受 X 射线的辐射？

6. 粉末样品的制备有几种方法？应注意些什么问题？

附录：X 射线粉末衍射仪操作规程

一、开机

1. 打开仪器总电源。

2. 开启"循环水冷机"电源开关，待温度面板出现温度显示后，将"Run/Stop"开关拨到"Run"。

3. 开启 XRD 主机背后的电源开关，一定要先向下扳。

4. 开启计算机：双击"Rigaku-Control"，双击"XG Operation"图标，出现"GControl RINT2220 Target：CU"对话框；点击"Power On"图标，等"红绿灯"图标的绿灯变亮后点击"X-Ray On"图标，主机 X 射线指示灯亮，X 射线正常启动，双击"Executing Aging"主机将自动把电压加到 30 kV，电流加至 4 mA，完成 X 射线管老化。

二、样品制备

块状样品需选用一平整表面作为衍射平面，然后将待测样品放入铝样品架的方框内，用橡皮泥固定好。

粉末样品则选用玻璃样品架，将样品放入样品架的凹槽中，用毛玻璃压平。

按主机上的"Door"按钮，轻轻拉开样品室的防护门，将制备好的样品插入样品台，再缓慢关闭防护门。

三、样品测试

1. 双击文件夹"Rigaku→Right Measurement"，双击"Standard Measurement"图标，则出现"Standard Measurement"对话框。

2. 双击"Condition"下的数字，确定样品测试的参数，即"Start Angle"和"Stop Angle"。

3. 在"Standard Measurement"对话框中，输入样品测试的保存文件信息，即子目录路径"Folder Name"文件名"File Name"及样品名称"Sample Name。"

4. 点击"Executing Measurement"图标，出现"Right Console"对话框，仪器开始自检，等出现提示框"please change to 10mm!"时，点击"OK"，仪器开始自动扫描并保存数据。关机。

5. 全部样品测试完成后，双击"Rigaku→Control"，双击"XG Operation"图标，出现"XG Control RINT2220 Target：CU"对话框。

6. 在"XG Control RINT2220 Target：CU"对话框，先通过点击"Set"将电流升至 40 mA，电压升至 40 kV，再将电流降至 2 mA，电压降至 20 kV，然后点击"X-Ray Off"图标，主机 X 射线指示灯灭，X 射线关闭，等"红绿灯"图标的绿灯变亮后，点击"Power Off"图标，即关机。

四、关闭电源

1. 主机电源关闭半小时后关闭循环冷却水系统，即先将"Run/Stop"开关拨到"Stop"，再关闭其电源开关。

2. 最后关闭总电源，测试结束。

第二节 质谱法及其联用技术

质谱法是鉴定纯物质的最有力工具之一，可进行元素分析、分子量测定、分子式确定和分子结构解析和推断等。质谱法可分为针对无机物分析的原子质谱法（无机质谱法）和针对有机物分析的分子质谱法（有机质谱法），二者在仪器结构上基本相似，均包括离子源、质量分析器、检测器，只是离子源不同。分子质谱法及其联用技术应用更为广泛。

一、质谱分析基本原理

样品以一定的方式（直接进样或通过色谱仪进样）进入质谱仪，在质谱仪离子源的作用下，气态分子或固体、液体的蒸气分子在高真空状态下、高能粒子束（如电子、离子、分子等）的作用下失去外层电子，生成带正电荷的阳离子或进一步使阳离子的化学键断裂，产生与原分子结构有关的、具有不同质荷比（m/z）的碎片离子，由高压电场加速形成离子束。这些离子进入质量分析器（磁场），发生偏转，然后到达检测器，得到样品分子离子按照 m/z 大小顺序排列的质谱图，其谱线强度与到达检测器的离子数目成正比。可根据质谱图进行定性、定量和结构分析。

二、质谱仪的基本结构

质谱仪的基本构造包括进样系统、离子源、质量分析器、检测器、真空系统和计算机系统等，如图 5-3 所示。

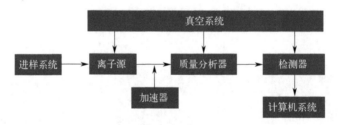

图 5-3 质谱仪基本构造示意图

1. 真空系统

真空系统能为质谱仪的离子源、质量分析器、离子检测器等提供所需的真空环境。为了降低背景和减少离子间或离子与分子间碰撞所产生的干扰（如散射、离子飞行偏离、质谱图变宽等）及延长灯丝寿命（残余空气中的氧会烧坏离子源的灯丝），在质谱仪中凡是有样品分子和离子存在的区域都必须处于真空状态。质谱仪的真空度一般保持在 $1.0 \times 10^{-4} \sim 1.0 \times 10^{-7}$ Pa，特别是质量分析器要求高真空度。

2. 进样系统

进样系统将样品（一般为处理后的样品）引入到离子源中并且不会造成真空度

的降低。根据是否需要接口装置，进样系统一般分为直接进样和通过接口进样两种方式。

（1）直接进样

① 气态、高沸点液态样品：通过可调喷口装置导入离子源。

② 吸附在固体上或溶解在液体中的挥发性样品：通过顶空分析器富集样品上方的气体，利用吸附柱捕集，再采用程序升温的方式使之解吸附，经毛细管导入质谱仪。

③ 固体样品：常用固体直接进样杆（盘）导入。

（2）通过接口进样

通过接口进样将气相色谱（GC）的载气或液相色谱（LC）的溶剂去除，使分析物导入质谱。主要包括各种喷雾接口（电喷雾、离子喷雾和热喷雾等）、粒子束接口和粒子诱导解吸附接口等。

3. 离子源（核心部件）

使气化样品中的原子、分子或分子碎片电离成离子的装置称为离子源，也称为电离源。离子源是质谱仪中最重要的组成部件之一，它的性能直接反映质谱仪的性能。

4. 加速器

在离子源中产生的各种不同动能的正离子，在加速器的高频电场中加速，增加能量后，因其轨迹半径不同而初步分开。加速器包括回旋加速器、直线加速器等。

5. 质量分析器（核心部件）

一般在电磁场的作用下将离子源产生的离子按照质荷比的大小分离聚焦的装置称为质量分析器。很多时候是根据所使用的分析器类型来划分质谱仪，其种类很多，常见的质量分析器主要有单聚焦分析器、双聚焦分析器、四极杆分析器、离子阱分析器、飞行时间分析器、傅里叶变换离子回旋分析器。

6. 离子检测器

检测器用来接收和检测分离后的离子，常用的有电子倍增器、光电倍增管、电荷耦合器件。

7. 计算机控制与数据处理

质谱仪中计算机系统的功能是运用工作站软件控制样品测定程序，采集数据与计算结果、分析与判断结果、显示与输出质谱图（表）、数据储存与调用等。

三、有机化合物的质谱解析程序

① 由质谱图的 m/z 值确定分子离子峰，确定分子量，并从分子离子峰的强弱判断化合物的类型及是否含有 Cl、Br、S 等元素；

② 分子离子峰的丰度，反映化合物的稳定性，用于推测化合物可能的

类别；

③ 根据同位素丰度或质谱仪确定分子离子峰和重要的碎片离子元素组成，并确定可能的分子式；

④ 由分子式计算不饱和度 U，确定化合物中不饱和键或芳环的数目；

⑤ 根据质谱形态，判断分子的性质，对化合物类型进行归属，列出可能的分子结构；

⑥ 根据标准化合物的质谱图和其他信息进行筛选验证，确定化合物的组成。

实验 28　电感耦合等离子体-质谱法检测食品中铅、镉、铬、汞、砷含量

一、实验目的

1. 了解电感耦合等离子体-质谱仪的主要结构及操作方法。

2. 掌握电感耦合等离子体-质谱法的基本原理；掌握电感耦合等离子体-质谱法测定食品中金属离子含量的方法。

二、实验原理

1. 原理

近年来，随着经济社会的高速发展，食品安全问题备受人民关注。由于水污染、环境空气污染、农药化肥的使用以及食品加工过程中受污染等原因，使得我们每天吃入口中的食品不再是绿色安全的。食品污染分为有机污染与无机污染两方面，其中金属元素污染是食品安全中较为重要的一方面。众所周知，占生物体总量 0.01% 以下的微量的元素如铁、硅、锌、铜、硒、锰等是植物体必需但需求很少的元素。但是植物或加工后的食物被金属元素污染，经过人体长期食用，这些金属元素形成积累，无法代谢，对人体造成严重危害。因此，对于食品中金属元素含量的检测十分重要。

目前，元素含量的常用检测方法主要有原子荧光分光光度法、原子吸收分光光度法、电感耦合等离子体-发射光谱法、电感耦合等离子体-质谱法等。其中电感耦合等离子体-质谱法具有线性范围宽、检出限低、准确度高、多元素同时测定等特点，已成为元素分析领域中应用最为广泛的一种分析测试方法。微波消解制样是近年来产生的一种新兴而高效的样品预处理技术，并越来越多地应用于分析领域。

电感耦合等离子体-质谱法（ICP-MS）是以电感耦合等离子体（ICP）作为离子源，以质谱仪进行检测的无机多元素分析技术。样品进行 ICP-MS 分析时一般经过四个步骤：①分析样品通常以水溶液的气溶胶形式引入氩气流中，然后进入由射频能量激发的处于大气压下的氩等离子体中心区；②等离子的高温使样品去溶剂化、汽化解离和电离；③部分等离子体经过不同的压力区进入真空系统，在真空系统内，正离子被拉出并按其质荷比分离；④检测器将离子转化为电子脉冲，然后由积分测量线路计数。电子脉冲的大小与样品中分析离子的浓度有关，通过与已知的标准或参比物质比较，实现未知样品的痕量元素定量分析。

电感耦合等离子体-质谱仪可分为三个基本部分：ICP（样品引入系统，离子源）、接口（采样锥，截取锥）、质谱仪（离子聚焦系统，四极杆过滤器，离子检测器）。ICP-MS 的仪器结构示意图如图 5-4 所示。

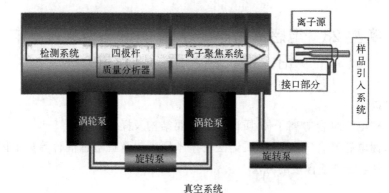

图 5-4   电感耦合等离子体-质谱仪结构示意图

ICP 要求所有样品以气体、蒸气和细雾滴的气溶胶或固体小颗粒的形式进入中心通道气流中。针对于不同样品性状，采用多种引入方式，如图 5-5 所示。

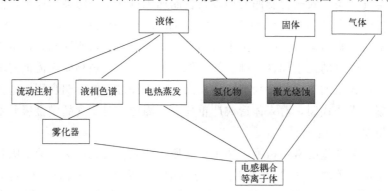

图 5-5   不同样品引入方式示意图

2. 定量分析方法

（1）标准曲线法

在选定的分析条件下，测定待测元素的三个或三个以上含有不同浓度的标准系列溶液（标准溶液的介质和酸度应与供试品溶液一致）。以选定的分析峰的响应值为纵坐标，浓度为横坐标，绘制标准曲线，计算回归方程，相关系数应不低于0.99。在同样的分析条件下，同时测定供试品溶液和试剂空白，扣除试剂空白，从标准曲线或回归方程中查得相应的浓度，计算样品中各待测元素的含量。

（2）内标标准曲线法

在每个样品（包括标准溶液、供试品溶液和试剂空白）中添加相同浓度的内标（ISTD）元素，以标准溶液待测元素分析峰响应值与内标元素参比峰响应值的比值为纵坐标，浓度为横坐标，绘制标准曲线，计算回归方程。利用供试品中待测元素分析峰响应值和内标元素参比峰响应值的比值，扣除试剂空白后，从标准曲线或回归方程中查得相应的浓度，计算样品中各待测元素的含量。使用内标可有效地校正响应信号的波动，内标校正的标准曲线法为最常用的测定法。

选择内标时应考虑如下因素：①待测样品中不含有该元素；②与待测元素质量数接近；③电离能与待测元素电离能接近；④元素的化学特性。内标的加入可以通过在每个样品和标准溶液中分别加入，也可通过蠕动泵在线加入。

三、仪器、试剂与材料

仪器：电感耦合等离子体-质谱仪；微波消解仪；分析天平；恒温干燥箱；控温电热板；超声水浴箱；样品粉碎设备；匀浆机；高速粉碎机；移液枪。

试剂与材料：硝酸（优级纯）；金元素溶液（1000 mg/L）；硝酸溶液（5＋95）；氩气（纯度≥99.995%）；氦气（纯度≥99.995%）。

镉、砷、铬、汞和铅元素储备液（1000 mg/L）：采用经国家认证并授予标准物质证书的单元素或多元素标准储备液。除非另有说明，本方法所用试剂均为优级纯，水为符合 GB/T 6682—2008 规定的一级水。

四、实验步骤

1. 试样制备

（1）固态样品

干样：豆类、谷物、菌类、茶叶、干制水果、焙烤食品等低含水量样品，取可食部分，必要时经高速粉碎机粉碎均匀。对于固体乳制品、蛋白粉、面粉等呈均匀状的粉状样品，摇匀。

鲜样：蔬菜、水果、水产等高含水量样品必要时洗净，晾干，取可食部分匀浆均匀。对于肉类、蛋类等样品取可食部分匀浆均匀。

（2）速冻及罐头食品：经解冻的速冻食品及罐头样品，取可食部分匀浆均匀。

（3）液态样品：软饮料、调味品等样品摇匀。

（4）半固态样品：搅拌均匀。

2. 试样消解（微波消解法）

称取固体样品 0.5 g（精确至 0.001 g，含水分较多的样品可适当增加取样量至 1 g）或准确移取液体试样 3.00 mL 于微波消解内罐中，含乙醇或二氧化碳的样品先在电热板上低温加热，除去乙醇或二氧化碳，加入 10 mL 硝酸，加盖放置 1 h，旋紧罐盖，按照微波消解仪标准操作步骤进行消解（消解参考条件见表 5-1）。冷却后取出，缓慢打开罐盖排气，用少量水冲洗内盖，将消解罐放在控温电热板上或超声水浴箱中，于 100 ℃加热 30 min，用水定容至 25 mL，混匀备用，同时做空白试验。

表 5-1　微波消解仪参考条件

消解方式	步骤	控制温度/℃	升温时间/min	恒温时间/min
微波消解	1	120	5	5
	2	150	5	10
	3	190	5	20

3. 标准溶液的配制

汞标准稳定剂：取 2 mL 金元素（Au）溶液，用硝酸溶液（5＋95）稀释至 1000 mL，用于汞标准溶液的配制。

混合标准工作溶液：吸取适量单元素标准储备液或多元素混合标准储备液，用硝酸溶液（5＋95）逐级稀释配成混合标准工作溶液系列，各元素质量浓度见表 5-2。

汞标准工作溶液：取适量汞储备液，用汞标准稳定剂逐级稀释配成标准工作溶液系列，浓度范围见表 5-2。

表 5-2 ICP-MS 方法中元素的标准溶液系列质量浓度

序号	元素	单位	标准系列质量浓度				
			系列 1	系列 2	系列 3	系列 4	系列 5
1	Pb	$\mu g/L$	2.500	5.000	10.000	15.000	20.000
2	Cr	$\mu g/L$	2.500	5.000	10.000	15.000	20.000
3	As	$\mu g/L$	1.250	2.500	5.000	7.500	10.000
4	Cd	$\mu g/L$	0.500	1.000	2.000	3.000	4.000
5	Hg	$\mu g/L$	0.100	0.500	1.00	1.50	2.00

4. 标准曲线的制作

参考表 5-3 设置仪器操作参考条件和测定参数，其中元素 Pb、Cr、As 和 Cd 分析模式为碰撞反应池。将混合标准溶液注入电感耦合等离子体-质谱仪中，测定标准系列溶液待测元素的响应值，以待测元素的浓度为横坐标，待测元素响应值为纵坐标，绘制标准曲线。

表 5-3 电感耦合等离子体-质谱仪操作参考条件

参数名称	参数值	参数名称	参数值
射频功率/W	1500	雾化器	高盐/同心雾化器
等离子体气流量/(L/min)	15	采样锥/截取锥	镍/铂锥
载气流量/(L/min)	0.80	采样深度/mm	8～10
辅助气流量/(L/min)	0.40	采集模式	跳峰
氦气流量/(mL/min)	4～5	检测方式	自动
雾化室温度/℃	2	每峰测定点数	1～3
样品提升速率/(r/s)	0.3	重复次数	3

5. 试样溶液的测定

按照标准溶液测定步骤和要求，将空白溶液和试样溶液分别注入电感耦合等离子体-质谱仪中，测定待测元素的响应值，根据标准曲线得到消解液中待测元素的浓度。

6. 精密度

样品中各元素含量大于 1 mg/kg 时，在重复性条件下获得的两次独立测定结果的绝对差值不得超过算术平均值的 10％；小于或等于 1 mg/kg 且大于 0.1 mg/kg 时，在重复性条件下获得的两次独立测定结果的绝对差值不得超过算术平均值的 15%；小于或等于 0.1 mg/kg 时，在重复性条件下获得的两次独立测定结果的绝对差值不得超过算术平均值的 20%。

五、数据记录与处理

1. 自行设计表格记录实验数据。

2. 绘制镉、砷、铬、汞和铅的工作曲线。

3. 样品中镉、砷、铬、汞和铅的定量分析结果（结果保留至小数点后一位）。

试样中待测元素的含量按下式计算：

$$X = \frac{(\rho - \rho_0)Vf}{m \times 1000}$$

式中　X——试样中待测元素含量，mg/kg；

ρ——试样溶液中被测元素的质量浓度，μg/L；

ρ_0——空白液中被测元素的质量浓度，μg/L；

V——试样消化液的定容体积，mL；

f——试样的稀释倍数；

m——试样称取质量（或移取体积），g。

表 5-4　实际样品测定结果/（mg/kg）

元素	辣椒粉	水煮调料	皮蛋	蘸酱	鸡蛋挂面	苦荞茶	高粱酒
镉							
砷							
铬							
铅							
汞							

六、思考题

1. ICP-MS 样品制备过程中的注意事项有哪些？

2. 简述 ICP-MS 测定多元素的优缺点。

第三节　色谱-质谱联用技术

质谱法不能很好地识别分离光学和几何异构体,对复杂有机化合物的分析也无能为力。将质谱与其他分析方法相结合,可以克服其局限性。色谱法可以有效地分离分析有机化合物,特别适合进行有机化合物的定性分析,但定量分析比较困难,因此色谱-质谱联用能发挥各自专长,使分离和鉴定同时进行,是复杂化合物高效定性定量分析的有效工具。

一、色谱-质谱联用技术原理

色谱-质谱联用是一种强大的分析技术,结合了色谱和质谱的优势,用于复杂样品中痕量组分的定性、定量和结构分析,具备高分离效能、高选择性和高灵敏度。其基本原理主要基于色谱分离和质谱检测两个过程。色谱分离系统首先将混合物中的各组分进行高效分离。流动相通常以一定的流速通过色谱柱,将各组分依次洗脱出来。分离后的组分经接口部分或全部进入质谱系统,通过离子源将组分转化为带电离子,这些离子在电场和/或磁场的作用下发生偏转,形成质谱图。质谱图上的每个峰代表一个特定质荷比(m/z)的离子,通过对质谱图分子离子峰及离子丰度的分析,可以确定组分的分子量和结构信息。气相色谱-质谱法(GC-MS)适宜进行小分子、易挥发、热稳定、能气化的混合物体系的分离分析。GC-MS 仪器结构示意图如图 5-6 所示。高效液相色谱-质谱法(HPLC-MS)适用于高沸点、高极性、热不稳定性与高分子量的混合有机物体系的分离分析。色谱-质谱联用分离分析流程如图 5-7 所示。

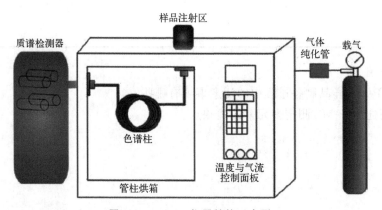

图 5-6　GC-MS 仪器结构示意图

二、色谱-质谱联用技术用于定性和定量分析

1. 定性分析

确认化合物准分子离子峰,进行二级质谱扫描,推断化合物断裂机理,并结合其他表征及相关信息,推测化合物的分子结构。

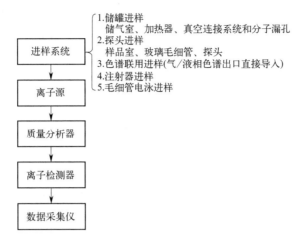

图 5-7 色谱-质谱联用分离分析流程简图

2. 定量分析

定量分析可采用外标法或内标法。

（1）外标法

按各品种项下的规定，精确称取对照品和供试品，配制成溶液，分别精确量取一定量，进样，记录色谱图，测量对照品溶液和供试品溶液中待测物质的峰面积（或峰高），按下式计算含量：

$$c_X = c_R \frac{A_X}{A_R}$$

式中 c_X——供试品的浓度；

c_R——对照品的浓度；

A_X——供试品的峰面积（或峰高）；

A_R——对照品的峰面积（或峰高）。

当采用外标法测定时，以手动进样器定量环或自动进样器进样为宜。

（2）内标法

按品种正文项下的规定，精确称（量）取对照品和内标物质，分别配成溶液，各精确量取适量，混合配成校正因子测定用的对照溶液。取一定量进样，记录色谱图。测量对照品和内标物质的峰面积（或峰高），按下式计算校正因子：

$$f = \frac{A_S / c_S}{A_R / c_R}$$

式中 A_S——内标物质的峰面积（或峰高）；

A_R——对照品的峰面积（或峰高）；

c_S——内标物质的浓度；

c_R——对照品的浓度。

　　再取各品种项下含有内标物质的供试品溶液，进样，记录色谱图，测量供试品中待测成分和内标物质的峰面积（或峰高），按下式计算含量：

$$c_X = f \times \dfrac{A_X}{A_S / c_S}$$

式中　A_X——供试品的峰面积（或峰高）；

　　　　c_X——供试品的浓度；

　　　　A_S——内标物质的峰面积（或峰高）；

　　　　c_S——内标物质的浓度；

　　　　f——内标法校正因子。

　　采用内标法，可避免因样品前处理及进样体积误差对测定结果的影响，还可以消除因测量设备的不稳定性对测定结果的影响。

实验 29　气相色谱-串联质谱法测定植物源食品中 有机磷、氨基甲酸酯类农药残留量

一、实验目的

1. 了解气相色谱-串联质谱联用法（GC-MS/MS）的原理，熟悉其操作技术。
2. 学习植物源食品中有机磷、氨基甲酸酯类农药残留量的测定方法。

二、实验原理

有机磷农药是一类以磷酸酯化合物为主要成分的农药，具有广谱性、长效性和剧毒性等特点。氨基甲酸酯类农药是一类以氨基甲酸酯为主要成分的农药，具有低毒性、高效性和短效性等特点。植物源食品中农药残留量的检测让农产品质量更安全，让人们的身体健康更有保障。

QuEChERS 净化（Quick、Easy、Cheap、Effective、Rugged、Safe）现在已经广泛用于各种水果和蔬菜中数百种农药残留的常规分离，是一种基于液液/盐析萃取和之后的分散固相萃取（dSPE）纯化相结合一种样品前处理方法。果蔬试样用乙腈提取，乙腈萃取步骤之后引入 dSPE 步骤，所得的萃取物离心之后的上清液就能直接注入 GC-MS/MS 系统进行检测，外标法定量。

三、仪器、试剂与材料

仪器：气相色谱-串联质谱仪（串联四极杆）；离心机（转速不低于 4200 r/min）；水平振荡仪；涡旋混合仪；氮吹仪（可控温）；分析天平（感量 0.01 mg）；容量瓶（2 mL、10 mL、25 mL）；具塞塑料离心管（15 mL、50 mL）；可调移液枪；PTFE 滤膜（0.22 μm）。

试剂与材料：乙腈（色谱纯）；丙酮（色谱纯）；提取盐（4 g $MgSO_4$＋1 g NaCl＋1 g 柠檬酸钠＋0.5 g 柠檬酸二钠）；净化盐[125 mg PSA(N-丙基乙二胺)＋35 mg Carb(石墨化炭黑)＋750 mg $MgSO_4$]。标准物质清单见表 5-5。

表 5-5　标准物质清单

中文名称	英文名称	CAS 号	纯度/%	品牌
丙溴磷	Profenofos	41198-08-7	98.70	BePure
水胺硫磷	Isocarbophos	24353-61-5	98.80	Dr. Ehrenstorfer
克百威	Carbofuran	1563-66-2	99.50	Chem Service
异丙威	Isoprocarb	2631-40-5	98.50	Dr. Ehrenstorfer
毒死蜱	Chlorpyrifos	2921-88-2	98.7	Aladdin

四、实验步骤

1. 标准溶液的配制

（1）1000 mg/L 单组分标准储备液的配制

精确称取单标准品 0.01 g ±0.5 mg 于 10 mL 容量瓶中（若由于标准品的纯度不到 95％，经计算后调整，称取纯标准品含量为 0.01g 的标样质量）。用乙腈稀释并定容，得到 1000 mg/L 的单标标准储备液。该溶液保存温度为 −18 ℃±4 ℃，有效期 12 个月。

（2）10 mg/L 混标中间标准溶液的配制

移取 250 μL 标准储备溶液于 25 mL 容量瓶中，用乙腈稀释并定容，得到 10 mg/L 的混合标准溶液。该溶液保存温度为 −18 ℃±4 ℃，有效期 6 个月。

（3）1 mg/L 混标中间标准溶液的配制

移取 2.5 mL 10 mg/L 混标中间标准溶液于 25 mL 容量瓶中，用乙腈稀释并定容，得到 1 mg/L 的混合标准溶液。该溶液保存温度为 −18 ℃ ±4 ℃，有效期 3 个月。

2. 试样的制备

蔬菜、水果样品，取样部位按 GB 2763—2021 规定执行。缩分后的样品，将其切碎，充分混匀放入食品加工器中粉碎，制成待测样。放入分装容器中，于 −20～−16 ℃ 条件下保存，备用。

3. 蔬菜、水果 QuEChERS 前处理

称取 5 g 试样（精确至 0.01 g）于 50 mL 离心管中，加入 5 mL 水，准确加入 10 mL 乙腈，加入准备好的提取盐，剧烈振荡 1 min，混匀后于水平振荡仪振荡 15 min，5000 r/min 离心 5 min。分取 5 mL 上清液于净化管（需加净化盐）中，涡旋 1 min 后振荡 15 min，5000 r/min 离心 5 min。准确移取上清液 2.5 mL 于 15 mL 离心管中，40 ℃氮吹至近干后加入 1 mL 丙酮复溶，涡旋 1 min，样液经 0.22 μm PTFE 滤膜过滤后，上机检测。

4. 空白溶液的制备

取空白基质样品，按上述前处理的制备方法处理，制成空白溶液，用于标准质曲线测试。

5. 标准曲线的配制

精确量取一定量的混合标准溶液，用丙酮逐级稀释成质量浓度为 0.005 mg/L、0.01 mg/L、0.025 mg/L、0.05 mg/L、0.1 mg/L、0.2 mg/L 的标准工作溶液，标准品配制详见表 5-6。空白溶液氮气吹干，分别加入 1 mL 上述标准工作溶液复溶，过 0.22 μm PTFE 滤膜配制成系列混合标准溶液，供 GC-MS/MS 测定。以农药定量离子对峰面积为纵坐标、农药标准溶液质量浓度为横坐标，绘制标准曲线，求回归方程和线性相关系数。

表 5-6　标准工作溶液的配制

浓度/(μg/L)	加入 1.0 mg/L 中间标准溶液的体积/μL	丙酮的定容体积/mL
0	0	2
5	10	2
10	20	2
25	50	2
50	100	2
100	200	2
200	400	2

注：溶液现配现用。根据需要选择基质曲线或溶剂曲线；线性浓度点可以根据样品浓度范围进行适当调整。

6. 气相色谱-串联质谱联用法测定

（1）仪器参数和实验条件设置

GC-MS/MS 测试条件（适用于 Agilent 公司 7000D 型）见表 5-7 和表 5-8。

表 5-7　GC-MS/MS 设置参数

仪器条件	参数设置
GC 柱	HP-5MS；30 m×0.25 mm×0.25 μm
进样模式（Injection Mode）	不分流进样
进样体积（Injection Volume）	1 μL
进样口温度（Injector Temperature）	280 ℃
载气（Carrier Gas）	He
流速（Flow Rate）	使用保留时间锁定将毒死蜱保留时间锁定在 9.99～10.00 min 时的流速（新色谱柱流量约 1 mL/min）
初始温度	60 ℃
程序升温（Temperature Program）	60 ℃持续 1 min；以 40 ℃/min 速率升至 170 ℃，持续 0 min；以 10 ℃/min 速率升至 310 ℃，持续 3 min
后运行（Post Run）	310 ℃持续 1 min
离子源温度（Ion Source Temperature）	280 ℃
传输线温度（Transfer Line Temperature）	280 ℃
MRM 条件（MRM Segments）	见表 5-8

表 5-8　多反应监测（MRM）的条件

中文名称	保留时间/min	定量离子对(m/z)	碰撞能量/eV	定性离子对(m/z)	碰撞能量/eV
丙溴磷	11.514	338.8/268.7	15	207.9/63	30
水胺硫磷	10.070	135.9/108	15	120/92	10
克百威	7.850	164.2/149.1	20	149.1/121.1	20
异丙威	6.347	136/121.1	10	121/77.1	20

（2）定性测定

利用 GC-MS/MS 中的 MRM 扫描方式，选择至少两对离子（母离子＞子离子），一般选取峰面积较高的做定量离子对，另外一对选做定性离子对，根据离子对的相对丰度比，结合保留时间进行初步定性分析。

样品中分析物的定性离子的相对丰度与浓度相当的标液中的定性离子的相对丰

度的偏差不超过表 5-9 中规定。

表 5-9　定性离子相对丰度的最大允许偏差

相对离子丰度/%	＞50	20～50	10～20	≤10
允许偏差/%	±20	±25	±30	±50

（3）定量测定

按照外标法进行定量计算，待测试样中农药响应值应在标准曲线线性范围之内，超过线性范围则应该稀释后再进行分析。

五、数据记录与处理

① 自行设计表格记录原始数据。

② 绘制标准曲线。

③ 计算样品中各农药残留量

试样中各农药残留量以质量浓度 X 计，数值以 mg/kg 表示，按如下公式计算：

$$X = \frac{c \cdot V \cdot DF}{m \times 1000}$$

式中　X——试样中分析物的含量，mg/kg；

　　　c——仪器读数，μg/L；

　　　V——定容的体积，mL；

　　　m——样品的质量，g；

　DF——稀释倍数。

注：计算结果应扣除空白值，含量≤1 mg/kg 保留两位有效数字，含量超过 1 mg/kg 时保留三位有效数字。

4. 方法定量限

本方法定量限为 0.01 mg/kg。

5. 回收率

在添加浓度 0.01～0.5 mg/kg 的范围内，回收率在 60%～140%之间。

6. 允许差

在重复性条件下获得的两次独立测定结果绝对差值不得超过算术平均值的 15%。

六、注意事项

1. 乙腈是一种无色的有机液体，对眼睛、呼吸道、皮肤有强烈的刺激作用，操作时注意佩戴好防护用具。

2. 果蔬样品含水量较高，加入提取盐时 $MgSO_4$ 遇水会迅速放热结块，立即剧烈将盐摇散。

3. 使用气相色谱-串联质谱仪时，要按照仪器操作规定使用，不可随意操作。

八、思考题

1. 简述 QuEChERS 前处理的特点？
2. 简述 PSA 净化盐的作用？

附录：Agilent 8890/7000D 操作规程

1. 开机

打开氦气钢瓶控制阀，设置分压阀压力至 0.5 MPa，打开氮气钢瓶控制阀，设置分压阀压力至 0.1～0.2 MPa。

① 打开 7000D 质谱仪（若 MSD 真空腔内已无负压，则应在打开 MSD 电源的同时用手向右侧推真空腔，直至侧面板被紧固地吸牢），等待仪器自检完毕。

② 7000D 质谱仪自检完成后，打开 8890 气相色谱仪电源，等待自检完成。

③ 打开计算机，登录进入 Windows 系统。

④ 桌面双击"MassHunter"采集软件图标，进入"MassHunter"采集界面。

⑤ 在仪器控制界面下，查看当前的真空状态［前级真空为 120 mTorr 左右，高真空为 $(7 \sim 8) \times 10^{-5}$ Torr］、涡轮泵转速（应很快到达 100%）及功率（约 25 W）。

⑥ 调谐应在仪器至少开机 2 h 后方可进行，若仪器长时间未开机，为了得到好的调谐结果，将时间延长至 4～6 h 或者抽真空过夜。

2. 关机

在"MassHunter"仪器控制界面下，找到"真空控制"选项卡，点击"放空"按钮，等涡轮泵转速降至 10% 以下，同时将离子源和四极杆温度降至 100 ℃ 以下，此过程大概 40 min，然后退出"MassHunter"采集软件，并依次关闭 70000D 电源、8890 电源，最后关掉氦气和氮气总阀。

实验 30　高效液相色谱-串联质谱法检测食品中的甜味剂含量

一、实验目的

1. 了解高效液相色谱-串联质谱法的原理及其操作技术。
2. 学习高效液相色谱-串联质谱法测定食品中甜味剂的方法。

二、实验原理

甜味剂是一种重要的食品添加剂，它赋予食品甜味，改善产品口感，被广泛用于现代食品加工中。随着越来越多的食品种类的出现，高甜度、低热量的各种甜味剂在食品添加剂中的作用也越来越大。天然甜味剂在人体食用后基本无明显毒副作用，而人工合成甜味剂主要是通过各种化学反应合成的磺胺类甜味剂、二肽类甜味剂和蔗糖衍生物类甜味剂，其使用成本更低、甜度更高，所以部分食品加工厂家会使用人工合成甜味剂来调整食品的口味，由于不易被人体代谢吸收，食用多了会增加肝脏的负担和损伤神经系统。我国发布的《食品安全国家标准　食品添加剂使用标准》中如今已经明确规定了各类甜味剂的使用范围。

目前甜味剂的检测方法已有部分形成检测标准，分析方法主要有光谱法、毛细管电泳法、离子色谱法、高效液相色谱-蒸发光散射检测法、高效液相色谱-紫外检测法、液相色谱-串联质谱法等。由于光谱法较容易受到基质的干扰和限制，且灵敏度相对较低，不适用微量痕量的分析检测；离子色谱法在分离和检测色素方面还有一定的局限，且对流动相及色谱柱的要求较高，目前仍是集中在紫外检测，分离时间也较长；液相色谱是较为通用和常用的检测甜味剂和色素的方法，通常使用的有紫外检测器或者二极管阵列检测器，由于几种甜味剂的极性较强，在色谱出峰中较为靠前，这样就对样品前处理提出了极大的挑战，由于食品样品基质复杂，成分繁复，容易对几种甜味剂的出峰和检测造成较大的干扰，造成假阳性或者假阴性等误判的现象；而蒸发光散射检测器属于通用检测器，检测限受到限制；随着质谱检测技术的发展，高效液相色谱-质谱联用检测手段以分析速度快、分离高效、分析灵敏度高、专一性强的优点得到了分析工作者越来越多的重视，同时也逐渐成为微量或者痕量成分检测的首选。

本实验利用高效液相色谱-串联质谱法同时通过梯度洗脱，利用电喷雾电离正、负模式同时监测食品中的甜味剂，方法操作简便、分析快速准确，可以很好地应用于实际食品样品的安全性监测。

三、仪器、试剂与材料

仪器：高效液相色谱-质谱/质谱仪（配电喷雾离子源 ESI）；分析天平（感量为 0.01 g 和 0.0001 g）；涡旋混匀器；高速离心机（最大转速 10000 r/min）；氮气吹干仪；固相萃取装置；超声清洗器；研钵；具塞聚丙烯离心管（50 mL）；Waters oasis HLB 固相萃取小柱（6 mL，600 mg 或相当者）。

试剂与材料：甜蜜素、糖精钠、安赛蜜、阿斯巴甜、阿力甜、纽甜标准物质（分析纯及以上纯度，参见附录 A1）；乙腈（液相色谱级）；甲醇（液相色谱级）；甲酸，甲酸铵；三乙胺；亚铁氰化钾；乙酸锌；三氯甲烷（氯仿）；海砂（化学纯，粒度 0.65～0.85 mm）；10%亚铁氰化钾溶液（10 g 亚铁氰化钾溶解于 100 mL 水中）；20%乙酸锌溶液（20 g 乙酸锌溶解于 100 mL 水中）；0.1%甲酸-5 mmol/L 甲酸铵溶液（1 mL 甲酸＋0.315 g 甲酸铵，用水稀释并定容至 1000 mL）；甲醇-三乙胺缓冲溶液（pH＝4.5）（取 0.8 mL 甲酸、2.5 mL 三乙胺，用水稀释并定容至 1000 mL）；甲醇-水（1＋1，体积比）。除特殊注明外，所有试剂均为分析纯，水为符合 GB/T 6682—2008 规定的一级水。

四、实验步骤

1. 标准溶液的配制

标准储备液：准确称取适量的甜蜜素、糖精钠、安赛蜜、阿斯巴甜、阿力甜、纽甜标准物质，用甲醇-水（1＋1，体积比）分别配制成浓度为 1.0 mg/mL 的标准储备溶液，−18 ℃下避光保存，可稳定 12 个月以上。

混合标准中间溶液：取上述标准储备液适量，用甲醇-水（1＋1，体积比）配制成 10 μg/mL 的标准混合溶液，4 ℃下避光保存，可稳定 3 个月以上。

标准工作溶液的配制：吸取适量上述混合标准中间溶液，用空白样品基质配制成适当浓度的混合标准工作溶液，使用前配制。

2. 试样的制备与保存

取有代表性样品 500 g，混匀，装入洁净的盛样容器内，密封并标明标记。奶粉、红酒、果汁、糕点、蜜饯于 0～4 ℃以下保存，液态奶、酸奶、奶油、奶酪、冰激凌于−18 ℃以下冷冻保存。

（1）奶粉、液态奶、酸奶、奶油、奶酪、冰激凌

称取奶粉 1 g（精确至 0.01 g），液态奶、酸奶、冰激凌各 2 g（精确至 0.01 g）于 50 mL 离心管中，称取奶油、奶酪 2 g（精确至 0.01 g）于研钵中，加入 5 g 海砂充分进行研磨，使其分散均匀，研磨后的样品置于 50 mL 离心管中，加入 15 mL 提取液（甲酸-三乙胺缓冲溶液），涡旋混匀 3 min，超声 30 min 后，取出加入 1 mL 10%亚铁氰化钾溶液、1 mL 20%乙酸锌溶液以及 5 mL 三氯甲烷，涡旋混匀 2 min，以 7500 r/min 的速率离心 5 min，将上层清液转移至另一支 50 mL 离心管中。在残渣中再加入 15 mL 提取液（甲酸-三乙胺缓冲溶液）重复以上提取过程，合并两次提取液，待净化。

依次用 5 mL 甲醇、5 mL 水活化 HLB 固相萃取小柱，弃去淋洗液，然后将上述所得的提取液过柱，弃去流出液。用 5 mL 水淋洗，弃去淋洗液，抽干。用 9 mL 甲醇洗脱，控制流速为 0.5 mL/min，收集洗脱液至刻度离心管，在 40 ℃下空

气吹浓缩至 0.5 mL，并用甲醇-水（1＋1）定容至 1.0 mL，过 0.45 μm 有机滤膜，供液相色谱-质谱/质谱仪测定。

（2）红酒、果汁

取样品适量，超声脱气 20 min。称取 2 g(精确至 0.01 g)试样于 100 mL 容量瓶中，用水稀释并定容至刻度，过 0.45 μm 有机滤膜，供液相色谱-质谱/质谱仪测定。

（3）糕点、蜜饯

样品使用前，需要先剪碎或粉碎。称取 2 g（精确至 0.01 g）剪碎或粉碎的试样于 50 mL 塑料管中，加入 20 mL 甲醇-水（1＋1），超声提取 20 min，于 7500 r/min 速率下离心 5 min，上清液转移至 100 mL 容量瓶中。再重复提取一次，合并上清液，用甲醇-水（1＋1）定容至 100 mL。过 0.45 μm 有机滤膜，供液相色谱-质谱/质谱仪测定。

3. 高效液相色谱-质谱检测

（1）测定条件

① 液相色谱条件

a. 色谱柱：C_{18} 柱，150 mm×3.0 mm（内径），粒度 5 μm 或相当。

b. 流动相：梯度洗脱程序见表 5-10。

c. 流速：0.3 mL/min。

d. 柱温：35 ℃。

e. 进样量：10 μL。

表 5-10　流动相梯度洗脱程序

时间/min	0.1%甲酸-5 mmol/L 甲酸铵占比/%	乙腈占比/%
0.0	85	15
10.0	10	90
10.01	85	15
15.0	85	15

② 质谱条件

a. 离子源：电喷雾离子源。

b. 扫描方式：负离子。

c. 检测方式：多反应监测（MRM）。

d. 雾化气、气帘气、辅助加热气、碰撞气均为高纯氮气，使用前应调节各气体流量，以使质谱灵敏度达到检测要求，参考条件参见附录 A2。

e. 喷雾电压、去簇电压、碰撞能量等参数应优化至最优灵敏度，参考条件见附录 A3。

（2）甜味剂定性测定

在相同的实验条件下，样液中被测物的色谱峰保留时间与标准工作溶液相同，并且在扣除背景后的样液谱图中，所选择的离子对均出现，各定性离子的相对丰度与标准品离子的相对丰度相比，偏差不超过表 5-9 规定的范围，则可判断样品中存在对应的被测物。

（3）甜味剂定量测定

根据试样中被测物的含量，选取响应值适宜的标准工作溶液进行分析。标准工作溶液和待测样液中甜味剂的响应值均应在仪器线性响应范围内。如果含量超过标准曲线范围，应稀释到合适浓度后分析。在上述色谱条件下甜蜜素、糖精钠、安赛蜜、阿斯巴甜、阿力甜、纽甜的参考保留时间分别为 6.03 min、5.03 min、4.31 min、6.79 min、7.31 min、9.40 min。

（4）空白实验和回收率实验

空白实验：除不加试样外，均按上述测定步骤进行。

回收率实验：在试样溶液中加入一定量的甜味剂标准溶液，均按上述测定步骤进行。

五、数据记录与处理

1. 绘制标准曲线。

2. 计算样品中各甜味剂的含量

用色谱数据处理机或按照下式计算样品中待测物的含量，计算结果应扣除空白：

$$X_i = \frac{AcV}{A_S m \times 1000}$$

式中　X_i——试样中某人工合成甜味剂组分的含量，mg/kg；

　　　A——样液中某人工合成甜味剂组分的峰面积；

　　　c——标准工作溶液中某人工合成甜味剂组分的质量浓度，ng/mL；

　　　V——样液最终定容体积，mL；

　　　A_S——标准工作溶液中某人工合成甜味剂组分的峰面积；

　　　m——最终样液所代表的试样质量，g。

3. 食品中人工合成甜味剂的添加水平数据及回收率计算（自行设计表格）。

4. 检测下限和回收率

（1）检测下限

本方法中奶粉、液态奶、酸奶、奶油、奶酪和冰激凌中甜蜜素、安赛蜜、糖精钠、阿斯巴甜、阿力甜、纽甜的检测下限均为 0.01 mg/kg；红酒、果汁、糕点、蜜饯中甜蜜素、安赛蜜、糖精钠、阿斯巴甜、阿力甜、纽甜的检测下限均为 1.0 mg/kg。

（2）回收率

奶粉、液态奶、奶酪、红酒、果汁、糕点中 6 种人工合成甜味剂的添加水平及回收率数据分别见表 5-11 和表 5-12。

表 5-11　奶粉、液态奶、奶酪中六种人工合成甜味剂的添加水平及回收率数据表

名称	添加水平/(mg/kg)	回收率范围/%		
		奶粉	液态奶	奶酪
甜蜜素	0.01	77.8～86.0	84.6～94.2	61.0～76.4
	0.025	73.2～83.9	91.6～102.0	73.5～88.0
	0.05	88.2～93.8	94.0～102.0	77.0～94.4
糖精钠	0.01	74.8～80.6	86.4～104.0	63.2～81.6
	0.025	78.4～88.5	90.6～95.0	84.5～94.5
	0.05	87.6～93.8	90.3～94.0	83.2～92.8
安赛蜜	0.01	68.8～80.0	80.6～102.0	65.2～88.2
	0.025	76.6～84.5	89.7～93.5	76.5～89.2
	0.05	91.5～99.6	85.4～92.2	76.9～97.6
阿斯巴甜	0.01	82.0～89.0	79.4～93.2	72.4～94.6
	0.025	82.3～92.5	77.1～89.0	72.5～84.2
	0.05	86.8～94.2	78.4～87.9	69.8～85.4
阿力甜	0.01	80.2～89.2	84.6～90.2	63.0～78.2
	0.025	70.5～82.5	88.4～102.0	72.6～90.0
	0.05	82.7～89.2	81.6～87.0	81.3～85.0
纽甜	0.01	66.4～70.8	82.4～95.2	60.4～77.6
	0.025	82.5～96.0	91.2～105.0	74.0～89.0
	0.05	89.3～96.2	73.2～81.8	74.2～87.2

表 5-12　红酒、果汁、蜜饯中六种人工合成甜味剂的添加水平及回收率数据表

名称	添加水平/(mg/kg)	回收率范围/%		
		红酒	果汁	糕点
安赛蜜	1.0	80.5～99.6	83.4～98.3	79.7～95.2
	2.0	87.0～95.7	79.7～91.7	89.0～96.5
	5.0	91.6～100.9	83.3～98.6	77.6～90.8
阿斯巴甜	1.0	81.7～93.2	73.6～93.6	78.9～97.5
	2.0	87.1～94.8	86.9～94.2	80.4～98.5
	5.0	94.0～100.2	80.1～104.1	81.7～95.9
阿力甜	1.0	80.6～96.7	87.7～94.0	62.6～80.9
	2.0	80.2～95.8	83.4～101.7	82.0～98.7
	5.0	94.9～100.0	87.8～99.6	84.2～101.5
纽甜	1.0	89.4～97.2	88.4～98.0	79.8～82.6
	2.0	92.8～99.4	85.5～93.7	78.5～98.5
	5.0	87.8～99.9	85.4～100.2	93.2～100.0
甜蜜素	1.0	83.3～99.4	73.9～85.6	73.5～80.9
	2.0	93.2～104.5	87.3～93.5	67.4～87.5
	5.0	96.1～101.2	90.6～106.6	79.9～103.0
糖精钠	1.0	85.2～98.0	83.9～95.6	74.6～91.7
	2.0	91.1～105.7	87.2～98.6	82.1～90.5
	5.0	82.6～98.8	87.6～101.1	80.0～103.5

六、注意事项

1. 为确保质谱真空系统良好的工作状态，真空泵泵油以及涡轮分子泵油芯需

定期更换。

2. 液质联用仪工作温度为 15～25 ℃，相对湿度应小于 70%。

3. 液质联用仪应避免振动及阳光直射，其工作环境中应保持一定的通风，避免高浓度的有机蒸气或腐蚀性气体。

4. 液质联用仪应避免各种磁场及高频电场干扰。

5. 液质联用仪涉及仪器中的高电压、有机溶剂及高压钢瓶，实验时应严格执行相关的实验室安全规则。

七、思考题

1. 简述 HPLC-MS/MS 技术在不同领域的应用进展。

2. 简述 HPLC-MS/MS 技术面临的挑战与未来发展趋势。

3. 简述液质联用仪与气质联用仪的区别。

附录 A：实验参考条件

附表 A1　标准物质的基本信息表

中文名称	CAS 号	分子式	分子量
甜蜜素	68476-78-8	$C_6H_{11}NHSO_3Na$	201.22
糖精钠	128-44-9	$C_7H_4O_3NSNa$	205.17
安赛蜜	1646-88-4	$C_4H_4KNO_4S$	201.24
阿斯巴甜	22839-47-0	$C_{14}H_{18}N_2O_5$	294.3
阿力甜	80863-62-3	$C_{14}H_{25}N_3O_4S$	331.43
纽甜	165450-17-9	$C_{20}H_3ON_2O_5$	378.46

附表 A2　参考质谱条件

a. 气帘气（CUR）：0.172 MPa。

b. 雾化气（GS1）：0.414 MPa。

c. 辅助加热气（GS2）：0.448 MPa。

d. 碰撞气（CAD）：中级。

e. 电喷雾电压（IS）：4500 V。

f. 离子源温度（TEM）：550 ℃。

附表 A3　多反应监测条件参考

化合物名称	参考保留时间/min	母离子（m/z）	子离子（m/z）	去簇电压/V	碰撞能量/eV	碰撞室入口电压/V	碰撞室出口电压/V
甜蜜素	5.8	178.0	80.1*	−27	−33	−10	−12
			178.0		−5	−10	−10
糖精钠	4.7	182.2	41.8*	−65	−44	−10	−9
			62.1		−30	−10	−5

续表

化合物 名称	参考保留 时间/min	母离子 (m/z)	子离子 (m/z)	去簇电压/V	碰撞能 量/eV	碰撞室入 口电压/V	碰撞室出 口电压/V
安赛蜜	4.0	161.8	78*	−30	−41	−10	−6
			82		−19	−10	−6
阿斯巴甜	6.8	293.3	200.0*	−63	−22	−10	−15
			261.4		−15	−10	−10
阿力甜	7.4	330.3	312.2*	−80	−19	−10	−15
			167.3		−30	−10	−12
纽甜	9.4	377.4	200.3*	−65	−26	−10	−10
			345.3		−19	−10	−10

注：带"＊"的离子为定量离子。

附录 B：高效液相色谱-质谱联用仪操作规程

1. 仪器组成与开机

（1）仪器组成　本液质联用仪（LC-MS）主要由 Agilent 1200 系列液相色谱系统、质谱分析系统和仪器控制系统组成。液相色谱系统包括泵、脱气机、自动进样设备、柱温箱、二极管阵列检测器；质谱分析系统包括气源（高纯氮气）、真空泵、离子源、四极杆质量分析器。

（2）开机　依次打开液相色谱各部件及电脑的电源开关；打开氮气瓶、液氮罐、真空泵和质谱检测器电源开关。

2. 编辑实验方法

（1）点击桌面"Data Acquisition"图标，启动 MassHunter 软件；工作站画面分为仪器状态界面、实时绘图界面、方法编辑界面和工作列表界面。

（2）在方法编辑界面设定 HPLC 条件：自动进样器参数、泵参数、柱温箱参数、检测器参数。

（3）在方法编辑界面设定 MS QQQ 条件：选择调谐文件、设置扫描段 Scan Segment、在 MRM 扫描段表中，设定母离子、子离子以及每个四极杆的分辨率（unit、wide 和 widest）、设置 QQQ 仪器的电离源参数（ESI、APCI）。

（4）保存方法文件。

（5）运行单个样品：分别于样品栏中输入样品描述、瓶号以及数据文件名等；点击工具栏"Start Sample Run"图标开始采样。

（6）运行多个样品

① 添加一个样品：从工作列表菜单选择"Add Sample"并输入以下样品信息：样品名称、样品位置、方法、数据文件名称、样品类型、注射体积等。

② 添加多于一个的样品：从工作列表菜单选择"Add Multiple Sample"。在"Sample Position"表格，选择被分析样品的位置；在"Sample Information"中设定运行信息、方法路径以及数据文件储存路径。

③ 保存工作列表并开始运行。

3. 数据分析

分别点击桌面上"Agilent Masshunter Qualitative Analysis"和"Agilent Masshunter Quantitative Analysis"图标，进入数据分析系统，选择各种处理方式对所得到的数据进行定性和定量分析。

4. 关机

确认前级泵的气镇阀（Gas Blast Valve）处于关闭状态；分别关闭液相泵、柱温箱和检测器；点击"MS QQQ"图标，选择放空"Vent"，等待仪器涡轮泵停转，且前后四极杆温度均低于 50 ℃后关闭 MS QQQ 电源开关；关闭 LC 1200 各模块电源开关，关闭 MassHunter 软件，关闭计算机、碰撞气和液氮罐开关阀。

5. 日常维护

（1）电源管理　本仪器使用电压稳定、相序正确、良好接地的 220 V 交流电。当有停电通知时，应提前至少半小时，按照正确步骤关机。遇有任何形式的突然断电、插头脱落和开关机的误操作，均严禁在仪器的真空系统未完全停止惯性转动之前重新启动仪器；应在仪器完全停转，并确认电源能够稳定供应时，重新启动仪器。

（2）气体管理　质谱仪使用液氮罐作为干燥气和喷雾气来源，正常供气时，罐内气体压力应保持在 10 atm 左右，分压出口压力为 6 atm；质谱仪使用高纯氮钢瓶作为碰撞气来源。分压出口压力 0.07～0.2 atm，超过此限度有可能损坏仪器。

（3）溶剂管理　所用溶剂均应保持洁净。严禁使用不挥发性盐、表面活性剂、螯合剂和无机酸作为流动相添加剂。如使用的水相中不含有 10％以上的甲醇或乙腈，保存超过 3 日的应予以更换。

（4）根据使用情况，应定期对离子源进行清洗。

实验 31　高效液相色谱-串联质谱法检测原料乳与乳制品中三聚氰胺含量

一、实验目的

1. 了解高效液相色谱-串联质谱法（LC-MS/MS）的原理，熟悉其操作技术。
2. 学习原料乳及乳制品中三聚氰胺的测定方法以及相关仪器参数设置。

二、实验原理

1. 高效液相色谱-串联质谱技术原理

液相色谱-串联质谱联用技术利用液相色谱系统将目标物质分离后引入质谱仪中，待目标物质离子化后转化成电信号经计算机数据处理后，根据质谱峰进行分析。这种联用技术既具有液相色谱优异的分离能力，又具有质谱高灵敏度、高选择性的检测能力。

（1）液相色谱部分　液相色谱法的分离原理是建立在不同组分在流动相和固定相之间的相互作用力大小不同的基础上。溶解于流动相中的各种组分经过固定相时与固定相发生相互作用（吸附、分配、离子吸引、排阻、亲和等），由于其作用力大小、强弱程度不同，在固定相中滞留时间不同，从而先后从色谱柱中流出。通过调节流动相的成分、流速、温度等条件，可以实现对不同组分的选择性分离。

（2）质谱部分　当分离后的组分被引进入质谱仪后，质谱中的离子源将分子态样品进行离子化，这些离子在质量分析器中根据质荷比（m/z）得以分离，然后被检测器检测，检测器将离子转换成电子并记录其强度，数据系统进行实时记录，从而实现定性或定量分析。

2. 乳品三聚氰胺检测的重要性

三聚氰胺（melamine），别名蜜胺、氰脲酰胺、三聚酰胺，是一种三嗪类含氮杂环有机化合物，分子式 $C_3N_6H_6$、$C_3N_3(NH_2)_3$，分子量为 126.12。三聚氰胺是一种无味、低毒的化工原料，广泛用于塑料、涂料、胶黏剂、消毒剂、化肥和杀虫剂等行业，三聚氰胺与甲醛合成树脂是生产食品包装材料的原料，可用来生产盘子和碗等食用餐具。

三聚氰胺

三聚氰胺不是食品原料，也不是食品添加剂，禁止人为添加到食品中。在食品中人为添加三聚氰胺的，应依法追究法律责任。资料表明，三聚氰胺可能从环境、食品包装材料等途径进入到食品中，其含量很低。为确保人体健康和食品安全，我国三聚氰胺在食品中的限量值（卫生部 2011 年第 10 号公告）如下：婴儿配方食品中三聚氰胺的限量值为 1 mg/kg，其他食品中三聚氰胺的限量值为 2.5 mg/kg，高于上述限量的食品一律不得销售。如果含有较高含量的三聚氰胺，则可能是人为添加的。食品中可能出现的三聚氰胺，并不是只要检出就会对健康带来危害，关键是要看食品中的含量及人体可能的摄入量。由于婴幼儿每天食用奶粉量大，造成三聚氰胺的大量摄入，从而引起婴幼儿的泌尿系统疾患，在患儿的尿液中，甚至是肾脏细胞中都能检测出来，严重者甚至会发展为肾功能不全。为了将环境自然带入的极少量三聚氰胺和人为恶意添加区分开，食品中三聚氰胺的检测具有重要意义。

根据 GB/T 22388—2008《原料乳与乳制品中三聚氰胺检测方法》，本项目将乳制品试样用三氯乙酸溶液提取，经阳离子交换固相萃取柱（以硅胶为基质的强阴离子交换萃取柱，键合有季铵盐官能团）净化后，用 LC-MS/MS 检测，内标法定量。

三、仪器、试剂与材料

仪器：液相色谱-串联质谱仪（配电喷雾离子源 ESI 或性能相当的仪器）；研钵；涡旋混合器；可调移液枪（5000/1000/200/100/20 μL）；具塞塑料离心管（50 mL）；超声仪；振荡器；离心机；分析天平（感量 0.1 mg）；氮吹仪；阳离子交换固相萃取柱（PCX 柱，使用前先用 3 mL 甲醇和 3 mL 水活化柱子）；定性滤纸；0.22 μm 微孔滤膜。

试剂与材料：乙酸（色谱纯）；甲醇（色谱纯）；乙腈（色谱纯）；氨水（25%～28%）；乙酸铵溶液（色谱纯，10 mmol/L）；甲醇-水溶液（1+1）；三氯乙酸溶液（色谱纯，1%）；氨化甲醇溶液（5%）；乙酸铵-乙腈复溶液（1+1）；海砂（化学纯，粒度：0.65～0.85 mm，二氧化硅含量为 99%）；氮气（纯度≥99.999%）。除非另有说明，所有试剂均为分析纯，水为 GB/T 6682—2008 规定的一级水。三聚氰胺标准品及内标信息见表 5-13。

表 5-13　三聚氰胺标准品及内标信息

中文名	英文名	CAS	品牌	纯度/%
三聚氰胺	melamine	108-78-01	BePure	99.60
三聚氰胺内标(同位素-$^3C_{13}$)	melamine-$^3C_{13}$	1173022-88-2	WITEGA	99.10

四、实验步骤

1. 标准溶液的配制

① 三聚氰胺标准储备液（100 mg/L）：准确称取 10 mg（精确至 0.01 mg）三聚氰胺标准品于 100 mL 容量瓶中，用甲醇-水溶液溶解并定容至刻度，配制成浓度为 100 mg/L 的标准储备液，于 4 ℃避光保存。

② 三聚氰胺标准中间液（1 mg/L）：准确移取三聚氰胺标准储备液 1 mL 于 100 mL 容量瓶中，用甲醇-水溶液定容至刻度，配制成浓度为 1 mg/L 的标准中间液，于

4 ℃避光保存。

③ 三聚氰胺标准工作液（0.1 mg/L）：准确移取三聚氰胺标准中间液 1 mL 于 10 mL 容量瓶中，用甲醇-水溶液定容至刻度，配制成浓度为 0.1 mg/L 的标准工作液，于 4 ℃避光保存。

④ 内标储备液（100 mg/L）：准确称取 10 mg 内标物质于 100 mL 容量瓶中，用甲醇-水溶液溶解并定容至刻度，配制成浓度为 100 mg/L 的内标储备液，于 4 ℃避光保存。

⑤ 内标标准中间溶液（10 mg/L）：准确移取内标储备液 1 mL 于 10 mL 容量瓶中，用甲醇-水溶解定容至刻度，配制成 10 mg/L 的内标中间标准液，于 4 ℃避光保存。

三聚氰胺标准曲线配制如表 5-14 所示。

表 5-14　三聚氰胺标准曲线的配制

浓度 /(μg/L)	1 mg/L 标准中间液体积/μL	0.1 mg/L 标准工作液体积/μL	10 mg/L 同位素内标体积/μL	复溶液体积/μL	定容体积/mL
2	—	20	20	960	1
5	—	50	20	930	1
10	—	100	20	880	1
25	25	—	20	955	1
50	50	—	20	930	1
100	100	—	20	880	1

2. 样品提取

（1）奶粉、液态奶等

准确称取 1.00 g（精确至 0.01 g）试样于 50 mL 具塞塑料离心管中，加入内标标准中间溶液 20 μL，加入 8 mL 三氯乙酸溶液和 2 mL 乙腈，超声提取 10 min 后，再振荡提取 10 min，随后以 5000 r/min 离心 10 min，上清液待净化。

（2）奶酪、奶油等

准确称取 1.00 g（精确至 0.01 g）试样于研钵中，加入适量海砂（试样质量的 4~6 倍）研磨成粉，转移至 50 mL 具塞塑料离心管中，往离心管中加入内标标准中间溶液 20 μL。用 8 mL 三氯乙酸溶液分数次清洗研钵，将清洗液转移至离心管中，再往离心管中加入 2 mL 乙腈，超声提取 10 min 后，再振荡提取 10 min，随后以 5000 r/min 离心 10 min，上清液待净化。

3. 样品溶液的净化

分别用 3 mL 甲醇和 3 mL 水活化 PCX 柱，将上述上清液过柱，弃去流出液，依次用 3 mL 水和 3 mL 甲醇洗涤柱子，抽至近干后，用 6 mL 氨化甲醇溶液洗脱，收集洗脱液，洗脱液于 50 ℃下用氮气吹干，残留物用 1 mL 复溶液定容，涡旋混匀 1 min 后过微孔滤膜，供 LC-MS/MS 上机测试。

4. 仪器测定条件

（1）液相色谱条件

a. 色谱柱：Agilent Poroshell 120 Hilic-Z，2.1mm×100mm×2.7μm。

b. 柱温：40 ℃。

c. 流速：0.2 mL/min。

d. 进样量：2 μL。

e. 流动相洗脱条件：流动相 A（乙酸铵溶液）：流动相 B（乙腈）（1∶1）以流速 0.2mL/min 洗脱 15min。

（2）质谱条件

质谱条件参数设置如表 5-15 所示。

表 5-15　质谱条件参数设置

名称	相关参数
离子源	电喷雾离子源(ESI)
离子源温度	350 ℃
扫描方式	正离子扫描(正模式)
鞘气温度(Sheath Gas Temp)	350 ℃
鞘气流速(Sheath Gas Flow)	12 L/min
干燥气温度(Gas Temp)	350 ℃
干燥气流速(Gas Flow)	10 L/min
毛细管电压	4 kV
喷雾器(Nebulizer)	45 psi
检测方式	多反应监测(MRM)

（3）多反应监测条件如表 5-16 所示。

表 5-16　多反应监测（MRM）的条件

化合物名称	母离子 (m/z)	子离子 (m/z)	驻留时间 /min	去簇电压 /V	碰撞能量/eV	加速电压/V	扫描方式
三聚氰胺-^{3}C$_{13}$	130	87	100	90	18	2	正模式
		70	100	90	32	2	
三聚氰胺	127	85	100	90	20	2	
		68	100	90	35	2	

5. 定性测定

按照上述条件测定试样和标准工作曲线，如果试样中质量色谱峰保留时间与标准工作溶液一致（变化范围在±2.5%之内），样品中目标化合物的两个子离子相对丰度与浓度相当的标准溶液相对丰度一致，相对丰度偏差不超过表 5-9 的规定，则可判断样品中存在三聚氰胺。

6. 定量测定

按照内标法进行定量计算，待测试样中三聚氰胺响应值应在标准曲线线性范围之内，超过线性范围，则应该稀释后再进行分析。

7. 空白实验和回收率实验

空白实验：除不加试样外，均按上述测定步骤进行。

回收率实验：在试样溶液中加入一定量的三聚氰胺标准溶液，均按上述测定步骤进行。

五、数据记录与处理

1. 自行设计表格记录原始数据。

2. 绘制标准曲线。

3. 计算样品中三聚氰胺含量，按下列算式进行计算：

$$X = \frac{RcV}{R_i m}$$

式中　X——试样中分析物的含量，$\mu g/kg$；

　　　R——样液中的分析物与内标物峰面积比值；

　　　c——标准溶液中分析物的浓度，ng/mL；

　　　V——样液最终定容的体积，mL；

　　　R_i——标准溶液中分析物与内标物峰面积比值；

　　　m——试样的质量，g。

注：计算结果需将空白值扣除。

4. 乳品中三聚氰胺在添加浓度 $0.01 \sim 0.5$ mg/kg 范围内的回收率计算（自行设计表格）。

5. 方法定量限。本方法定量限为 0.01 mg/kg。

六、注意事项

1. 三氯乙酸固体试剂挥发性极强，味道刺鼻，操作时注意佩戴好防护用具。

2. 部分实验室耗材加工生产中会添加三聚氰胺，导致前处理污染带入，每批需做空白实验，扣除空白本底值。

3. 样品多为奶及奶制品，较黏稠，会导致过 PCX 柱速率缓慢，建议使用高转速离心，便于后续操作。

七、思考题

1. 实验用水需满足什么标准要求？

2. PCX 阳离子固相萃取柱的原理是什么？

3. 三聚氰胺在 LC-MS/MS 上的扫描方式是什么？

实验 32　高效液相色谱-串联质谱法测定食品中四环素类药物残留量

一、实验目的

1. 了解高效液相色谱-串联质谱法（LC-MS/MS）的原理，熟悉其操作技术。
2. 学习食品中四环素类化合物的测定方法以及相关仪器参数设置。

二、实验原理

试样中残留的四环素类药物，用 Mcllvaine-Na_2EDTA 缓冲液提取，亲水亲脂平衡型固相萃取柱净化，净化液用 LC-MS/MS 检测，外标法定量。

1. HLB 柱原理

HLB 固相萃取柱是一种亲水亲脂型平衡柱。固相萃取技术是一种通过吸附和洗脱的方法从样品中分离和富集目标化合物的技术。它的原理和作用主要基于亲水性和疏水性相互作用的差异。HLB 固相萃取柱上的固相材料多为由亲水性和疏水性基团组成的聚合物，使其同时具有亲水性和疏水性。萃取过程中，样品中的目标化合物与固相材料发生相互作用。对于极性物质来说，其会与固相材料上的亲水基团发生静电作用、氢键和范德华力等相互作用；而非极性物质与固相材料上的疏水基团发生范德华力等非极性相互作用，从而达到分离效果。

2. 四环素类化合物的结构及其性质

四环素是一种有机化合物，分子式为 $C_{22}H_{24}N_2O_8$，本身及其盐类都是黄色或淡黄色的晶体，在干燥状态下极为稳定。除金霉素外，其他的四环素族化合物的水溶液都相当稳定。四环素族化合物能溶于稀酸、稀碱等，略溶于水和低级醇，但不溶于醚及石油醚；四环素对光敏感，因此需避光保存。

四环素的结构式为：

金霉素（chlortetracycline），化学名为氯四环素，化学式为 $C_{22}H_{23}ClN_2O_8$，是一种金黄色晶体粉末，由金色链霉菌发酵产生，发酵液经酸化、过滤得沉淀物，溶解于乙醇后经酸析得粗品，经溶解、成盐得盐酸盐结晶。

金霉素结构式为：

土霉素是一种有机物，化学式为 $C_{22}H_{24}N_2O_9$，为淡黄色结晶性粉末，微溶于乙醇，极微溶于水。在空气中稳定，遇光颜色渐暗。土霉素属于酸碱两性物质，能与酸或碱结合生成盐类，在水中溶解极微，易溶于稀碱和稀酸。土霉素盐在碱性水溶液中易遭破坏而失效，在酸性水溶液中较稳定。

土霉素结构式为：

多西环素，化学式为 $C_{22}H_{24}N_2O_8$，化学名称为 6-甲基-4-(二甲氨基)-3,5,10,12,12a-五羟基-1,11-二氧代-1,4,4a,5,5a,6,11,12a-八氢-2-并四苯甲酰胺，常温下为黄色晶体，临床上属于四环素类抗生素，具有良好的临床效果。

多西环素结构式为：

三、仪器、试剂与材料

仪器：液相色谱-串联质谱仪（Agilent 1290/6470，配电喷雾离子源 ESI 或性能相当的仪器）；涡旋混合器；可调移液枪；容量瓶（100 mL、10 mL）；超声仪；振荡器；高速冷冻离心机；氮吹仪；分析天平（感量 0.01 mg）。

试剂及材料：乙腈（色谱纯）；甲醇（色谱纯）；乙酸乙酯（色谱纯）；甲酸（色谱纯）；二水乙二胺四乙酸二钠（AR）；浓氨水（AR）；十二水磷酸氢二钠（AR）；二水磷酸二氢钠（AR）；一水柠檬酸（AR）；氢氧化钠（AR）；亲水亲脂平衡型固相萃取柱（HLB柱）；滤膜（0.22 μm 有机滤膜）。四环素类标准品信息详见表 5-17。

表 5-17　四环素类化合物标准品信息表

中文名	英文名	CAS 号	品牌	纯度/%
盐酸多西环素	doxycycline	24390-14-5	Dr. Ehrenstorfer	99.3
盐酸四环素	tetracycline	64-75-5	ANPEL	95.5
盐酸土霉素	oxytetracycline	2058-46-0	BE PURE	93.4
盐酸金霉素	chlortetracycline	64-72-2	BE PURE	94.0

四、实验步骤

1. 溶液的配制

（1）0.05 mol/L 磷酸二氢钠溶液：称取二水磷酸二氢钠 7.8 g，用水溶解稀释至 1000 mL。

0.05 mol/L 磷酸氢二钠溶液：称取十二水磷酸氢二钠 17.9 g，用水溶解稀释至 1000 mL。

磷酸盐缓冲液：取 0.05 mol/L 磷酸二氢钠溶液 190 mL，用 0.05 mol/L 磷酸氢二钠溶液稀释至 1000 mL。

（2）1 mol/L 氢氧化钠溶液：取氢氧化钠 4 g，用水溶解稀释至 100 mL。

0.03 mol/L 氢氧化钠溶液：取 1 mol/L 氢氧化钠溶液 3 mL，用水溶释至 100 mL。

（3）Mcllvaine-Na$_2$EDTA 缓冲液：取一水柠檬酸 12.9 g、十二水磷酸氢二钠 10.9 g、二水乙二胺四乙酸二钠 39.2 g，加水 900 mL，用 1 mol/L 氢氧化钠溶液调 pH 至 5.0±0.2，用水稀释至 1000 mL。

（4）洗脱液：取甲醇 150 mL，加乙酸乙酯 150 mL、浓氨水 6 mL，混匀。

（5）复溶液：取水 40 mL，加甲醇 5 mL、乙腈 5 mL、甲酸 0.05 mL，混匀。

（6）甲醇-水溶液：取甲醇 20 mL，加水定容至 100 mL，混匀。

（7）四环素类标准溶液（1 mg/mL）：各准确称取 10 mg 四环素类标准品于 10 mL 容量瓶中，加甲醇溶解并稀释至刻度，混匀，配制成 1 mg/mL 的标准储备液。−18℃以下保存，有效期 6 个月（注：标品中含有盐酸盐，注意扣除盐酸质量）。

（8）混合标准工作液（10 μg/mL）：分别取 1 mg/mL 的标准储备液各 0.1 mL 于 10 mL 容量瓶中，用甲醇稀释至刻度，配制成 10 μg/mL 的混合标准工作液。−18℃以下保存，有效期 1 个月。

（9）混合标准工作液（1 μg/mL）：精确量取 10 μg/mL 的混合标准工作液 1 mL 于 10 mL 容量瓶中，用甲醇稀释至刻度，配制成 1 μg/mL 的混合标准工作液。−18℃以下保存，有效期 1 个月。

（10）混合标准工作液（0.1 μg/mL）：精确量取 10 μg/mL 的混合标准工作液 0.1 mL 于 10 mL 容量瓶中，用甲醇稀释至刻度，配制成 0.1 μg/mL 的混合标准工作液。−18℃以下保存，有效期 1 个月。

2. 样品提取

称取样品 1 g（准确至 0.01 g），加 Mcllvaine-Na$_2$EDTA 缓冲液 8 mL。先涡旋 1 min，然后超声 20 min，最后离心 5 min（−2℃，10000 r/min），收集上清液。残渣中加磷酸盐缓冲液 8 mL，重复提取 1 次，合并 2 次提取液，混匀备用。

3. 净化

固相萃取柱依次用甲醇 5 mL 和水 5 mL 活化。取备用提取液过柱，依次用水 5 mL 和甲醇-水溶液 5 mL 淋洗，抽干，用洗脱液 10 mL 洗脱，收集洗脱液，45 ℃水浴中氮气吹干。加入复溶液 1 mL，涡旋 1 min 溶解残余物，5000 r/min 离心 5 min，微孔滤膜过滤，滤液供 LC-MS/MS 测定。

4. 标准曲线的制备

精确量取混合标准工作液，添加量详见表5-18标准曲线的配制表，分别加入6份经提取和净化的空白试样残渣中，45 ℃水浴，氮气吹干，加入复溶液1 mL涡旋溶解残余物，配制成浓度为2 μg/L、10 μg/L、50 μg/L、100 μg/L、250 μg/L和500 μg/L的基质匹配系列混合标准溶液，微孔滤膜过滤后LC-MS/MS测定。以测得特征离子峰面积为纵坐标、对应标准溶液浓度为横坐标，绘制标准曲线，求回归方程和相关系数。

表 5-18　标准曲线的配制

浓度/(μg/L)	加入0.1 μg/mL中间储备液的体积/μL	加入1 μg/mL中间储备液的体积/μL
2	20	—
10	100	—
50	—	50
100	—	100
250	—	250
500	—	500

5. 仪器参数设置

（1）液相色谱条件

a. C_{18}色谱柱（Agilent Eclipse Plus C_{18} RRHD，2.1 mm×50 mm×1.8 μm），或相当者。

b. 柱温：40 ℃。

c. 进样量：10 μL。

d. 流速：0.4 mL/min。

e. 流动相：A为0.1%甲酸水溶液，B为乙腈。流动相梯度洗脱条件见表5-19。

表 5-19　流动相梯度洗脱条件

时间/min	0.1%甲酸水溶液占比/%	乙腈占比/%	流速/(mL/min)
1.00	80.00	20.00	0.4
4.00	40.00	60.00	0.4
4.50	10.00	90.00	0.4
5.00	90.00	10.00	0.4

（2）质谱条件

质谱参数设置详见表5-20；定性离子对、定量离子对、锥孔电压和碰撞能量见表5-21。

表 5-20　质谱条件参数设置

名称	相关参数
离子源	电喷雾离子源（ESI）
离子源温度	350 ℃
鞘气温度（Sheath Gas Temp）	350 ℃
鞘气流速（Sheath Gas Flow）	12 L/min
干燥气温度（Gas Temp）	350 ℃
干燥气流速（Gas Flow）	10 L/min
毛细管电压	4 kV
喷雾器（Nebulizer）	45 psi
检测方式	多反应监测（MRM）

表 5-21　多反应监测（MRM）的条件

药物名称	母离子（m/z）	子离子（m/z）	驻留时间/min	去簇电压/V	碰撞能量/eV	加速电压/V	扫描方式
金霉素	479.08	462.1	40	118	18	4	
		444.1	40	118	22	4	
土霉素	461	443.3	40	134	10	4	
		426	40	134	18	4	正模式
多西环素	445.2	428.2	40	113	18	4	
		154.1	40	113	30	4	
四环素	445.2	427.3	40	118	10	4	
		410.2	40	118	18	4	

6. 定性测定

在已确定条件下，试样中的四环素类药物的保留时间与基质匹配标准溶液中对应四环素类药物的保留时间，偏差在±2.5%以内，且检测到的相对离子丰度，应当与浓度相当的基质匹配标准溶液相对离子丰度一致，其偏差在表 5-9 规定范围内。

7. 定量测定

在已设定仪器条件下，以基质匹配标准溶液浓度为横坐标，以峰面积为纵坐标，绘制标准工作曲线，作单点或多点校准，按外标法计算试样中药物的残留量，基质匹配标准溶液及试样溶液中的目标物相应值均应在仪器检测的线性范围内。

8. 空白实验和回收率实验

空白实验：除不称取试样外，均按上述测定条件和步骤进行平行测定。

回收率实验：在试样溶液中添加浓度 10～500 μg/kg 的标准溶液，均按上述测定条件和步骤进行平行测定，计算回收率。

五、数据记录与处理

1. 自行设计表格记录原始数据。

2. 绘制标准曲线。

3. 计算样品中四环素类药物的残留量

试样中四环素类药物残留量的标准曲线或者计算公式参见实验 31。

4. 方法定量限

本方法四环素、多西环素、金霉素、土霉素检测限为 2 $\mu g/kg$；定量限为 10 $\mu g/kg$。

5. 允许差

本方法同批内相对标准偏差≤15%，批次间相对标准偏差≤20%。

六、注意事项

1. 标准曲线是基质曲线，需要用空白基质来配制标准曲线。

2. 使用固相萃取柱时应注意，尽量不让柱子中液体流干太久，以免对萃取效果造成一定的影响。

七、思考题

1. 该实验前处理使用冷冻离心的目的是什么？

2. 使用 Mcllvaine-Na$_2$EDTA 缓冲液的提取原理是什么？

3. 采用空白基质曲线的意义是什么？若不用基质曲线，能否引入内标代替？

附录：安捷伦 1290/6470 操作流程

1. 开机

打开高纯氮气钢瓶主阀门，调节高纯氮气钢瓶次级减压表输出压力至 0.15 MPa（最大不要超过 0.2 MPa）。

（1）打开计算机、网络交换机（LAN Switch）电源。

（2）打开液相色谱仪各个模块电源。

（3）打开质谱仪前面板左下角的电源开关，这时可以听到质谱仪中溶剂切换阀切换的声音。同时机械泵开始工作，仪器开始自检。等待大约 2min，听到第二声溶剂阀切换的声音（表明质谱仪自检完成）后，表示仪器自检完成，可以联机。质谱仪一接通电源，前级真空规就开始工作，监视前级真空值。但只有当"Turbo 1"和"Turbo 2"涡轮泵的转速都大于 95% 之后，四极杆的高真空规才会开始工作，正常读取真空值。

（4）在计算机桌面上双击"MassHunter"采集软件图标，进入"MassHunter"工作站。

2. 关机

（1）在"MassHunter"采集软件内点击三重四极杆 MS 的图标，单击右键选择"Vent"。

（2）出现提示框，确认要放空，选择"Yes"。

（3）可以在三重四极杆 Method 的"Diagnosis"界面观察涡轮泵转速的下降情况。

（4）分子涡轮泵转速和功率基本为 0 后，等待 30 min，关闭"MassHunter"软件。然后关闭质谱仪、色谱仪各模块及计算机的电源。

实验 33　高效液相色谱-串联质谱法测定塑料中持久性有机污染物

一、实验目的

1. 了解高效液相色谱-串联质谱法（LC-MS/MS）的原理，熟悉其操作技术。
2. 学习高效液相色谱-串联质谱法测定塑料中 PFOA/PFOS 的方法。

二、实验原理

PFOA（全氟辛酸）和 PFOS（全氟辛烷磺酸盐）均为人造化学品，PFOA 分子式为 $C_8HO_2F_{15}$，PFOS 分子式为 $C_8HF_{17}O_3S$，性状均为白色结晶性粉末，都具有疏水、疏油的特点，常作为表面活性剂而被广泛应用于各个领域。这类化学品通常也被称为 POPs（持久性有机污染物），其具有很高的稳定性，强光、高热、化学作用、微生物作用等难以降解，且可以通过食物链永久存在于人们的生存环境中。

PFOA 结构式为：

PFOS 结构式为：

三、仪器、试剂与材料

仪器：液相色谱-串联质谱仪（配电喷雾离子源 ESI）；超声仪；可调移液枪；容量瓶（10 mL、500 mL、1 L）；分析天平（感量 0.1 mg 和 0.01 mg）。

试剂及材料：甲醇（色谱纯）；乙腈（色谱纯）；乙酸铵（AR）；聚醚砜滤膜（0.22 μm）；PFOA（纯度 99.5% 以上）；PFOS（纯度 99.5% 以上）；一级水。

四、实验步骤

1. 标准品及溶液的配制

（1）1000 mg/L PFOA 和 PFOS 标准溶液的配制：分别准确称取标准品各 10 mg 于 10 mL 容量瓶中，用甲醇溶解并定容，该标准溶液在 $-18℃$ 下保存，有效期 6 个月。

（2）0.5 mg/L PFOA/PFOS 混合标准溶液的配制：分别移取 250 μL 1000 mg/L 的 PFOA 和 PFOS 溶液转入 500 mL 棕色容量瓶中，用甲醇稀释至刻度，混匀，该标准溶液在－18 ℃下保存，有效期 3 个月。

（3）10 mmol/L 乙酸铵水溶液：称取 0.7708 g 乙酸铵，用超纯水定容至 1 L。

2. 样品提取

准确称取 1.0 g±0.01 g 尺寸为 2 mm×2 mm 的塑料样品于玻璃瓶中，加入 10 mL 甲醇，盖好瓶盖。放入超声仪在（60±5）℃温度下超声（120±5）min，冷却至室温。

3. 样品溶液的过滤

将萃取液用 0.22 μm 的聚醚砜针式过滤器过滤至 2 mL 进样小瓶中待仪器测定用。

4. 标准曲线的制备

取 5 个干净的 10 mL 棕色容量瓶，加入少量甲醇后分别吸取 10 μL、20 μL、40 μL、100 μL、200 μL PFOA/PFOS 混合标准溶液（0.5 mg/L），用甲醇定容至刻度，混匀。该标准工作液在－18 ℃下保存，有效期 3 个月。将配制好的标准系列溶液上机分析，以测得特征离子峰面积为纵坐标、对应标准溶液浓度为横坐标，绘制标准曲线，求回归方程和相关系数。

5. 仪器测定参数及条件设置

（1）液相仪器条件

a. C_{18} 色谱柱：Eclipse XDB-C_{18}，5 μm×2.1 mm×150 mm，或其他相当者。

b. 柱温：40 ℃。

c. 流速：0.4 mL/min。

d. 流动相：A，10 mmol/L 乙酸铵水溶液；B，乙腈。

流动相梯度洗脱条件参考表 5-22。

表 5-22　流动相梯度洗脱条件

时间/min	10 mmol/L 乙酸铵水溶液占比/%	乙腈占比/%	流速/(mL/min)
0.00	90	10	0.4
0.75	90	10	0.4
1.50	70	30	0.4
4.50	45	55	0.4
4.65	5	95	0.4
7.50	5	95	0.4
12.00	90	10	0.4

（2）质谱条件

质谱条件参数设置如表 5-23 所示，多反应监测条件如表 5-24 所示。

表 5-23　质谱条件参数设置

名称	相关参数
离子源	电喷雾离子源(ESI)
离子源温度	300 ℃
扫描方式	负离子扫描(负模式)
雾化温度	350 ℃
锥孔气流速	5 L/min
雾化气流速	12 L/min
电离电压	3.5 kV
检测方式	多反应监测(MRM)

表 5-24　多反应监测 (MRM) 的条件

化合物名称	母离子(m/z)	子离子(m/z)	驻留时间/min	去簇电压/V	碰撞能量/eV	加速电压/V	扫描方式
PFOA	413	369	20	55	50	4	负模式
		168.9	20	55	58	4	
PFOS	499	99	20	85	9	4	
		80.1	20	85	17	4	

6. 定性测定

在已确定条件下，试样中 PFOA/PFOS 的保留时间与标准溶液中对应 PFOA/PFOS 的保留时间，偏差在±2.5% 以内，且检测到的相对离子丰度，应当与浓度相当的标准溶液相对离子丰度一致，其偏差在规定范围内。

7. 定量测定

在已设定仪器条件下，以标准溶液浓度为横坐标，以峰面积为纵坐标，绘制标准工作曲线，作单点或多点校准，按外标法计算试样中 PFOA/PFOS 的含量，标准溶液及试样溶液中的目标物响应值应均在仪器检测的线性范围内。

8. 空白实验与回收率实验

空白实验：除不称取试样外，均按上述测定条件和步骤进行。

回收率实验：在加浓度为 0.01～0.2 mg/kg 的标准溶液与试样溶液中，均按上述条件和步骤进行测定，计算回收率。

五、数据记录与处理

1. 自行设计表格，记录原始数据。

2. 绘制标准曲线。

3. 计算样品中 PFOA 和 PFOS 的含量：

$$X(\mu g/kg) = \frac{c \times V \times DF}{m}$$

式中　X——试样中 PFOA/PFOS 的含量，$\mu g/kg$；

　　　c——提取液中 PFOA/PFOS 的浓度，$\mu g/L$；

　　　V——提取液的体积，mL；

DF——稀释倍数；

m——样品的质量，g。

4. 方法定量限

本方法定量限为 0.01 mg/kg。

5. 允许差

在重复性条件下获得的两次独立测定结果绝对差值不得超过算术平均值的 20%。

六、注意事项

1. 由于全氟类化合物是一种持久性很强的化合物，因此在整个实验过程中需要测试全程序空白，监控整个测试过程是否有氟的污染。

2. 整个实验过程中使用的所有器皿、仪器管线均为不含氟的材质。

七、思考题

1. 在样品提取之前为什么要将样品剪成相应的尺寸？

2. 在超声提取的过程中，影响提取效率的参数有哪些？

高效液相色谱-串联质谱法测定塑料中持久性有机污染物

第六章　设计性和创新性实验

在学生做完化学分析实验和仪器分析基本实验的基础上，为了激发学生自主学习的积极性和探索开发精神，培养学生的创新能力、独立解决实际问题的能力及组织管理的能力，本书安排了设计性和创新性实验。在新时代、新形势、新要求下，将前沿研究成果、教师科研成果和产业企业项目转化为本科实验教学项目是高校开展科研育人、产学研融合的一个良好方法和渠道。通过设计性和创新性实验教学项目，结合生产生活和社会问题，引导学生从不同学科角度、运用多种理论知识、方法和技术手段进行分析和解决，促进大学生综合设计、研究分析、解决问题能力的提高，把实现个人价值与实现社会价值紧密结合起来，充分发挥高校科教融合育人的作用。在相关专业本科生实验教学项目中补充设计性和创新性实验项目，提升相关专业本科实验教学的高阶性、创新性和挑战度。通过交叉学科知识拓新、实验技术和方法创新，提升科教融合的实验教学效果，激发学生的创新思维和创新意识，提高大学生实践能力和创新能力，激励更多学生踊跃参与科学研究，助力国家科教兴国、人才强国和创新驱动发展战略。

结合学生掌握的知识技能和实验条件，在教师的指导下选择 1~3 个能完成的实验题目。学生查阅文献资料根据分析目的和要求，通过手册、工具书、数据库等信息源进行资料的检索，阅读相关文献，对相关课题的研究进行全面系统的调研总结，写出调研报告，在此基础上拟定研究目标。研究目标确定后，结合实验室条件制定切实可行的实验方案。方案的内容包括分析方法、实验原理、所用仪器和试剂、具体实施步骤、实验结果的计算公式及参考文献等。具体实施步骤包括样品的预处理、试剂的配制、条件实验研究、待测组分的测定等。实验方案由教师审阅后最终确定。实验研究由学生独立完成。实验结束后，以小论文的形式完成实验报告。实验报告大致包括以下各项：（1）实验题目；（2）概述；（3）拟定方法原理；（4）仪器与试剂材料；（5）实验步骤；（6）数据记录；（7）结果与讨论；（8）参考文献。论文提交后，教师结合学生在实验过程中的表现给出实验成绩。

整个实验过程遵循"以学生为主、以教师为辅"的原则，即教师提出实验方向、目的和要求，实验过程中的选题、资料查阅、方案制定、实验开展及论文写作均由学生独立完成，教师作必要的指导和评价。

实验 34　复方穿心莲片中穿心莲内酯成分鉴定及含量分析

一、实验目的

1. 了解复方穿心莲片的基本成分和主要有效成分。

2. 熟悉复杂样品中目标成分分析的基本思路。

3. 学习中成药制剂质量控制方法。

4. 培养查阅文献、设计实验方案和解决实际问题的基本科研能力和素质。

二、实验要求

通过查阅相关文献，了解复方穿心莲片的功效、基本成分和主要有效成分。

根据样品性质和实验要求提出实验原理，合理设计实验步骤，写出完整的实验方案，完成对复方穿心莲片中穿心莲内酯的分析。

实验报告包括实验目的、实验原理、实验仪器和试剂、实验步骤和数据处理等。

三、指导提示

复方穿心莲片是由穿心莲干浸膏加适量辅料压制、包衣而成的中药制剂，具有清热解毒、止痛利湿的功效，临床上用于治疗咽喉肿痛、口舌生疮等症。穿心莲内酯是传统中药穿心莲的主要有效成分之一，具有抗炎、抗疟疾、抗癌和保肝等生物活性，对登革病毒也表现出强效的抗病毒作用，对细菌性与病毒性上呼吸道感染及痢疾有特殊疗效，被誉为天然抗生素药物。穿心莲内酯是一种具有生物活性的二萜内酯，分子量为 350.45，外观为类白色或微黄色方形或长方形结晶，无臭，味苦。穿心莲内酯在甲醇、乙醇和丙酮中的溶解度较大，微溶于氯仿、乙醚，难溶于水、石油醚和苯。温度、溶液 pH 值及不同有机溶剂对穿心莲内酯稳定性都有影响。温度越低，穿心莲内酯的稳定性越好；在强碱性条件下开环水解，不稳定；在酸性条件下较稳定（pH 值为 3~5）；穿心莲内酯在质子性溶剂中稳定性较差。为了保证药效和用药安全，需要对复方穿心莲片中穿心莲内酯的成分及含量进行分析评价。筛选出复方穿心莲片中关键药效成分，用高效液相色谱法进行分离分析。

四、参考流程

1. 穿心莲内酯的提取及分析。

常用的有水提法、醇提法、超声法等。参考提取方法如下：

穿心莲片→去糖衣→粉碎→提取→色谱分析

2. 穿心莲内酯色谱分析条件的确定。

3. 穿心莲内酯标准曲线的制作。

穿心莲内酯

建议：穿心莲内酯标准溶液浓度范围为 $5 \sim 80~\mu g/mL$。

4. 样品复方穿心莲片成分及含量检测。

五、设计实验要求

1. 确定样品的前处理过程。

2. 确定目标组分的提取方案（溶剂选择、温度和提取时间的影响等）。

3. 得到穿心莲内酯标准曲线，分析讨论线性关系。

4. 分析条件的确定（流动相、柱温、流速、检测波长的选择）。

六、思考题

1. 熟悉穿心莲内酯的物理化学性质，药物制剂还有哪些成分？它们有哪些物理化学性质？

2. 如何表征测定方法的精密度？

3. 何为回收率实验？怎样实验？

实验 35　饮料中多种食品添加剂和维生素的检测

在饮料加工行业中，通常加入各种食品添加剂用于改善饮料的口感、品质和色泽，并可延长保质期。饮料中常见的食品添加剂包括甜味剂（糖精钠）、人工合成色素（日落黄、亮蓝、苋菜红、诱惑红、胭脂红、柠檬黄）、防腐剂（山梨酸、苯甲酸）及咖啡因等。尽管我国国家标准中已经明确规定了食品添加剂允许使用的范围和用量，但长期、大量食用含有食品添加剂的饮料，同样会对人体健康造成一定的风险。因此，检测饮料中多种食品添加剂的含量对保障食品安全具有重要意义。

随着物质生活条件的不断提升，消费者在营养强化食品、功能/保健食品和饮食/食品补充剂等方面表现出强劲的消费需求。更多人关注健康和养生知识（维生素、矿物质、有机、非转基因、低糖、低钠），并且随着监管的法规越来越严格，对食品（维生素、糖）和营养标签（标签声明）也提出了新的要求。

查阅文献资料，设计实验方案，将饮品中多种食品添加剂和维生素的检测合并成一个检测方法，缩短分析时间，节约分析成本，提高检测效率。综合的解决方案可以实现技术与方法的现代化，如超高效液相色谱（UPLC）-质谱（MS）分离分析方法。

实验 36　香菇中多糖、维生素和微量元素的提取和含量分析

香菇又名香蕈、冬菇，味道鲜美，香气沁人，营养丰富，素有"植物皇后"的美誉。香菇是具有高蛋白、低脂肪、多糖、多种氨基酸、维生素和微量元素的菌类食物，其主要营养价值如下。

① 提高机体免疫功能：香菇多糖可提高小鼠腹腔巨噬细胞的吞噬功能，还可促进 T 淋巴细胞的产生，并提高 T 淋巴细胞的杀伤活性。

② 延缓衰老：香菇的水提取物对过氧化氢有清除作用，对体内的过氧化氢有一定的消除作用。

③ 防癌抗癌：香菇菌盖部分含有双链结构的核糖核酸，进入人体后，会产生具有抗癌作用的干扰素。

④ 降血压、降血脂、降胆固醇：香菇中含有嘌呤、胆碱、酪氨酸、氧化酶以及某些核酸物质，能起到降血压、降胆固醇、降血脂的作用，又可预防动脉硬化、肝硬化等疾病。

⑤ 香菇还对糖尿病、肺结核、传染性肝炎、神经炎等起治疗作用，又可用于缓解消化不良、便秘等。

查阅相关文献资料，设计可行性实验方案，做到：① 分别对干香菇、鲜香菇进行预处理；② 选择合适的方法和适当的条件对样品中各主要组分进行分离、检测，说明拟定方法的可行性；③ 根据拟定的实验方案，提出实验中所使用的仪器设备及试剂。

实验 37 荧光金属纳米团簇/碳点的制备及微量/痕量过氧化氢的检测

与传统的荧光分子相比，荧光纳米材料具有形貌尺寸易调控、光学稳定性高、可实现多功能化等优点。荧光金属纳米团簇是一类具有荧光性质的新型纳米材料，因其独特的电子结构以及超小的尺寸，表现出独特的光学、电学和化学性质，包括强烈的发光特性、卓越的光稳定性、良好的生物相容性和亚纳米尺寸等，被广泛应用于环境污染物的监测、生化分析及医学分析等领域。

与量子点和金属纳米团簇不同，碳点是一种有机荧光纳米材料，化学结构为 sp^2 或 sp^3，包含石墨烯量子点、碳量子点以及聚合物点三种类型。由于碳点本身不含重金属元素，所以是一种环境友好型材料。碳点的量子尺寸效应比较明显，随着尺寸变大，荧光发射峰位置发生红移。碳纳米材料形态多样且具备优异的导电性、良好的生物相容性、稳定的化学性能和大的比表面积等优势，在纳米电子学、光学、催化化学、生物医学以及传感器等领域中得到广泛应用。

过氧化氢也称为双氧水，纯品为无色液体，极不稳定，易分解，它是一种性能优良的氧化剂、漂白剂、消毒剂和交联剂，且具有高效杀菌、低残留、易分解、漂白效果好的特点，促使许多食品制造商在食品生产加工中使用过氧化氢，用于杀灭生产设备、包装材料和食品中的有害微生物，提高产品的保藏期、防腐防臭、漂白食物、增加食品的美观度等。我国食品添加剂使用标准 GB 2760—2011 中允许食品级过氧化氢在食品生产中作为加工助剂使用，但在制成成品前应该清除，如果清除不完全应严格控制在规定的范围内。然而由于过氧化氢在使用过程中的众多性能优势，一些生产厂家在生产过程中添加过量过氧化氢，严重损害人体健康。因此，检测食品中过氧化氢残留非常重要。

过氧化氢不仅是重要的活性氧之一，也是活性氧相互转化的枢纽，在生物体内发挥重要作用。过氧化氢在免疫反应、宿主防御和病原体入侵机制中具有广泛的调节功能。人体正常水平的过氧化氢不会对机体造成损害。然而，过量的过氧化氢会导致细胞和生物分子的氧化损伤，引发生物体多种功能障碍，导致多种疾病的发生。因此，生物体内过氧化氢含量的测定具有重要意义。

查阅相关文献资料，拟定合理的实验方案，选择合适的前驱体和适当的方法制备荧光金属纳米团簇或荧光碳点，考察其结构、稳定性和荧光性能等，考察荧光金属纳米团簇/碳点检测微量/痕量过氧化氢的可行性。

实验 38　中药牡丹皮中丹皮酚的含量检测

牡丹皮为毛茛科植物牡丹的干燥根皮,秋季或春初采挖根部,除去细根和泥沙,剥取根皮,晒干或刮去粗皮,除去木心,晒干。牡丹皮具有清热、凉血、活血、消瘀的作用,为凉血热之要药。牡丹皮药材中主要含有丹皮酚、丹皮酚苷、丹皮酚原苷、芍药苷等有效成分,其中丹皮酚具有镇静、催眠、解热、镇痛、抗炎、抗菌等药理作用,是牡丹根皮药材主要活性成分之一。近年来,随着对牡丹皮研究的不断深入,发现它还具有抗炎、抗衰老及保护肝脏、抗肿瘤的作用。目前,牡丹根皮正作为一种传统中药被日益重视,并在医药、香料、化妆品等领域得到广泛应用。

查阅相关文献资料,拟定合理的实验方案,选择合适的方法和适当的条件对样品进行预处理,并对其主要活性组分丹皮酚进行分离和检测。

实验 39 化妆品中限用或禁用物质的检测

化妆品安全问题一直是公众和监管部门关注的热点。化妆品中常见限用物质有防晒剂、去屑剂、防腐剂等，只有不超过法规要求的剂量使用在产品中才是安全的。化妆品中常见非法添加的禁用物质有糖皮质激素、汞、抗生素（磺胺类、四环素类、氯霉素、红霉素及甲硝唑等）、苯酚、7 种塑化剂［邻苯二甲酸正二戊基酯（DnPP）、邻苯二甲酸异二戊基酯（DIPP）、邻苯二甲酸正戊基异戊基酯（DnIPP）、邻苯二甲酸二丁基酯（DBP）、邻苯二甲酸丁基苯基酯（BBP）、邻苯二甲酸二(2-乙基己基)酯（DEHP）、邻苯二甲酸二(2-甲氧基乙基)酯（DMEP）］以及铅、汞、砷及其化合物等。

激素类药物可能非法添加在美白、去斑、去痘类产品中。激素能使皮肤细胞、体积造成病理性肥大，使皮肤呈细嫩、有弹性的饱满状态，起到抗皱、祛皱的作用。利用激素抑制酪氨酸酶活性的作用还可以达到祛斑、增白的目的。但一经停止激素的刺激，皮肤即恢复到原来状态，甚至更衰老状态。糖皮质激素类药物会导致激素依赖性皮炎，激素本身抑制表皮细胞的增殖代谢，长期使用还会产生色素沉着、皮肤萎缩、变薄、变黑等副作用。抗生素类药物可能非法添加在具有消炎、去痘功效的产品中。邻苯二甲酸酯类塑化剂可能添加于香水、发胶、指甲油等中，导致细胞突变，因而致畸和致癌。铅、汞、砷及其化合物为化妆品成分中禁用的化学物质，但由于其具有明显的美白功效，常被一些不正规的小型化妆品作坊添加到增白、美白、祛斑产品和底妆产品（如：粉饼、粉底等）中。如果长期使用此类产品，铅、汞、砷及其化合物都会穿过皮肤进入人体器官和组织中，对身体造成伤害，特别会影响到造血系统、神经系统、肾脏、胃肠道、生殖系统、心血管、免疫与内分泌系统等，导致血红蛋白含量及红细胞、白细胞数降低，肝脏受损等。此外还会产生末梢感觉减退、视野向心性缩小、听力障碍及共济性运动失调等情况。

查阅相关文献资料，设计可行性实验方案，选择合适的方法对化妆品进行前处理；选择几种有代表性的限用、禁用物质进行定性、定量分析检测。

实验 40　红辣椒中红色素的分离与测定

　　色素作为一种着色剂，广泛应用于食品、化妆品等与日常生活密切相关的行业。天然植物色素与人工合成色素相比，因其原料来源充足，对人体无毒副作用，日益受到人们的重视，有着广阔的发展前景。红辣椒色素以其色泽鲜艳、稳定性好而广泛用作食品着色剂，因此，研究红辣椒色素中红、黄色素的提取、分离和分析方法，具有重要意义。

　　查阅相关文献资料，设计可行性实验方案，选择合适的方法萃取红辣椒中的红色素、分离红色素，并将分离到的红色素进行鉴定，计算红辣椒中红色素的提取率。

实验 41 婴幼儿奶粉中微量元素分析

婴幼儿奶粉是满足婴幼儿营养需要的重要食品。常量、微量元素能够维持婴幼儿正常的生命活动，但摄入过多或者过少均会危害婴幼儿的健康。此外，重金属污染亦是影响婴幼儿健康的一大因素，越来越得到人们的重视。为此，有效把握婴幼儿奶粉中微量元素含量，并在婴幼儿奶粉中开展元素风险评估工作意义重大。

查阅相关文献资料，拟定合理的实验方案，选择合适的方法和适当的条件对样品进行预处理，并对其中微量元素进行成分及含量分析。

实验 42　功能型 DNA 纳米材料的设计、制备、表征及传感检测应用

　　DNA 分子不仅具有良好的分子识别能力、自组装能力、热力学稳定性、力学刚性和独特的拓扑结构等特点，还可以通过技术手段进行特定的设计、裁剪和修饰。DNA 分子作为资源丰富、廉价易得、环保、构型独特丰富、形貌重复性高的生物模板，可用于多种功能型纳米材料的绿色合成和各类传感器的构建。不同构型和碱基序列的 DNA 模板可以制得具有不同功能的 DNA 纳米材料，例如 DNA 核酶（DNAzyme）、DNA 荧光纳米材料和 DNA 纳米电机等。

　　查阅相关文献资料，拟定合理的实验方案，通过设计和调控 DNA 序列、调控实验条件和实验方法制备不同功能型 DNA 纳米材料。选择合适的方法和适当的条件，进一步利用功能型 DNA 纳米材料设计制备几类传感器，用于生态环境体系、食品安全和公共卫生安全监测中。

附　录

一、高压气体钢瓶的内装气体及操作规程

1. 高压气体钢瓶内装气体的分类

（1）压缩气体　临界温度低于−10 ℃的气体，经加高压压缩，仍处于气态者称为压缩气体，如氧气、氮气、氢气、空气、氩气等。这类气体钢瓶若设计压力大于或等于12 MPa称为高压气瓶。

（2）液化气体　临界温度≥−10 ℃的气体，经加高压压缩，转为液态并与其蒸气处于平衡状态者称为液化气体。临界温度在−10～70 ℃者称高压液化气体，如二氧化碳、氧化亚氮。临界温度高于70 ℃，且在60 ℃时饱和蒸气压大于0.1 MPa者称低压液化气体，如氨气、氯气、硫化氢等。

（3）溶解气体　单纯加高压压缩，可产生分解、爆炸等危险性的气体，必须在加高压的同时，将其溶解于适当溶剂中，并由多孔性固体物充盛。在15 ℃以下压力达0.2 MPa以上，称为溶解气体（或称气体溶液），如乙炔。

从气体的性质分类可分为剧毒气体，如氟气、氯气等；易燃气体，如氢气、一氧化碳等；助燃气体，如氧气、氧化亚氮等；不燃气体，如氮气、二氧化碳等。

2. 高压气体钢瓶的操作规程

① 禁止敲击、碰撞，气瓶应可靠地固定在支架上，以防滑倒。

② 开启高压气瓶时，操作者需站在气瓶出气口的侧面，气瓶应直立，然后缓缓旋开瓶阀。气体必须经减压阀减压，不得直接放气。

③ 高压气瓶上选用的减压阀要专用，安装时螺扣要上紧。

④ 开关高压气瓶瓶阀时，应用手或专门扳手，不得随便使用凿子、钳子等工具硬扳，以防损坏瓶阀。

⑤ 氧气瓶及其专用工具严禁与油类接触，氧气瓶附近也不得有油类存在，操作者必须将手洗干净，绝对不能穿用沾有油脂或油污的工作服、手套及油手操作，以防万一氧气冲出后发生燃烧甚至爆炸。

⑥ 氧气瓶、可燃性气瓶与明火距离应不小于10 m；有困难时，应有可靠的隔热防护措施，但不得小于5 m。

⑦ 高压气瓶应避免暴晒及强烈振动，远离火源。

⑧ 使用装有易燃、易爆、有毒气体气瓶的工作地点，应保证良好的通风换气。

⑨ 气瓶内气体不得全部用尽，应剩余残压。

⑩ 各种气瓶必须定期进行技术检验。充装一般气体的气瓶，每3年检验1次；

充装腐蚀性气体的气瓶每两年检验 1 次。气瓶在使用过程中，如发现有严重腐蚀或其他严重损伤，应提前进行检验。盛装剧毒或高毒介质的气瓶，在定期技术检验同时，还应进行气密性试验。

为了保证安全，气瓶用颜色标志，不致使各种气瓶错装、混装。

常用压缩气瓶颜色一览表

气体名称	瓶身颜色	字样	字色	气体名称	瓶身颜色	字样	字色
氧气(O_2)	淡(酞)蓝	氧	黑	氖气(Ne)	银灰	氖	深绿
氮气(N_2)	黑	氮	淡黄	氯气(Cl_2)	深绿	液氯	白
氢气(H_2)	淡绿	氢	红	氨气(NH_3)	淡黄	液氨	黑
乙炔(HC≡CH)	白	乙炔不可近火	红	二氧化碳(CO_2)	灰	液化二氧化碳	黑
氦气(He)	银灰	氦	深绿	空气	黑	空气	白
氩气(Ar)	银灰	氩	深绿				

二、不同温度下水的饱和蒸气压

温度/℃	p_w/mmHg	温度/℃	p_w/mmHg	温度/℃	p_w/mmHg
10	9.12	20	17.5	30	31.8
11	9.84	21	18.7	31	33.7
12	10.5	22	19.8	32	35.7
13	11.2	23	21.1	33	37.7
14	12.0	24	22.4	34	39.9
15	12.8	25	23.8	35	42.2
16	13.6	26	25.2	36	44.6
17	14.5	27	26.7	37	47.1
18	15.5	28	28.3	38	49.7
19	16.5	29	30.0	39	52.4

三、四种标准缓冲溶液的 pH 值与温度对照表

温度/℃ ＼ pH值	0.05 mol/kg 四草酸氢钾	0.05 mol/kg 邻苯二甲酸氢钾	0.025 mol/kg 混合磷酸盐	0.01 mol/kg 硼砂
0	1.668	4.006	6.981	9.458
5	1.669	3.999	6.949	9.391
10	1.671	3.996	6.921	9.330
15	1.673	3.996	6.898	9.276
20	1.676	3.998	6.879	9.226
25	1.680	4.003	6.864	9.182
30	1.684	4.010	6.852	9.142
35	1.688	4.019	6.844	9.105
40	1.694	4.029	6.838	9.072
45	1.700	4.042	6.834	9.042
50	1.706	4.055	6.833	9.015
55	1.713	4.070	6.834	8.990
60	1.721	4.087	6.837	8.968

续表

温度/℃　　　pH	0.05 mol/kg 四草酸氢钾	0.05 mol/kg 邻苯二甲酸氢钾	0.025 mol/kg 混合磷酸盐	0.01 mol/kg 硼砂
70	1.739	4.122	6.847	8.926
80	1.759	4.161	6.862	8.890
90	1.782	4.203	6.881	8.856
95	1.795	4.224	6.891	8.839

四、元素的原子量表

元素	符号	原子量	元素	符号	原子量	元素	符号	原子量
锕	Ac	227.03	锗	Ge	72.641	镨	Pr	140.91
银	Ag	107.87	氢	H	1.0079	铂	Pt	195.08
铝	Al	26.982	氦	He	4.0026	钚	Pu	244.06
镅	Am	243.06	铪	Hf	178.49	镭	Ra	226.03
氩	Ar	39.792	汞	Hg	200.59	铷	Rb	85.468
砷	As	74.922	钬	Ho	164.93	铼	Re	186.21
砹	At	209.99	碘	I	126.9	铑	Rh	102.91
金	Au	196.97	铟	In	114.82	氡	Rn	222.02
硼	B	10.811	铱	Ir	192.22	钌	Ru	101.07
钡	Ba	137.33	钾	K	39.098	硫	S	32.066
铍	Be	9.0122	氪	Kr	83.798	锑	Sb	121.76
铋	Bi	208.98	镧	La	138.91	钪	Sc	44.956
锫	Bk	247.07	锂	Li	6.9412	硒	Se	78.963
溴	Br	79.904	铹	Lr	260.11	硅	Si	28.086
碳	C	12.011	镥	Lu	174.97	钐	Sm	150.36
钙	Ca	40.078	钔	Md	258.10	锡	Sn	118.71
镉	Cd	112.41	镁	Mg	24.305	锶	Sr	87.621
铈	Ce	140.12	锰	Mn	54.938	钽	Ta	180.95
锎	Cf	251.08	钼	Mo	95.942	铽	Tb	158.93
氯	Cl	35.453	氮	N	14.007	锝	Tc	97.907
锔	Cm	247.07	钠	Na	22.99	碲	Te	127.60
钴	Co	58.933	铌	Nb	92.906	钍	Th	232.04
铬	Cr	51.996	钕	Nd	144.24	钛	Ti	47.867
铯	Cs	132.91	氖	Ne	20.18	铊	Tl	204.38
铜	Cu	63.546	镍	Ni	58.693	铥	Tm	168.93
镝	Dy	162.5	锘	No	259.10	铀	U	238.03
铒	Er	167.26	镎	Np	237.05	钒	V	50.942
锿	Es	252.08	氧	O	15.999	钨	W	183.84
铕	Eu	151.96	锇	Os	190.23	氙	Xe	131.29
氟	F	18.998	磷	P	30.974	钇	Y	88.906
铁	Fe	55.845	镤	Pa	231.04	镱	Yb	173.04
镄	Fm	257.1	铅	Pb	207.21	锌	Zn	65.409
钫	Fr	223.02	钯	Pd	106.42	锆	Zr	91.224
镓	Ga	69.723	钷	Pm	144.91			
钆	Gd	157.25	钋	Po	208.98			

五、pHS-3B 型酸度计的使用

实验室中广泛使用的 pHS-3B 型酸度计是一种精密数字显示酸度计。其测量范围宽，重复误差小。测量溶液 pH 值的步骤如下。

（1）开机

检查酸度计的接线是否完好。取下复合电极上的电极套，注意不要将电极套中的 KCl 饱和溶液洒出或倒掉。用去离子水冲洗电极头部，用滤纸吸干残留水分。

接通电源，按下背面的电源开关，预热 10～20 min 后方可使用。

（2）两点法标定

将选择旋钮定在温度挡，调节温度旋钮，使设定温度与溶液温度相等；然后将选择旋钮定在 pH 挡，将斜率调节旋钮顺时针调到底，把电极头部插入 pH＝6.86 的缓冲溶液中，调节定位旋钮，使仪器读数显示为 6.86。用去离子水冲洗电极头部，用滤纸吸干水分，再浸入 pH＝4.00 或 pH＝9.18 的缓冲液中（根据试液的酸碱性决定使用何种缓冲溶液），调节斜率旋钮至仪器示数与溶液 pH 相等。

重复以上操作直至更换溶液后不需再调节旋钮为止，至此完成仪器标定。在当日使用中只要仪器旋钮无变动，则可不必重复标定。

（3）测定

用去离子水冲洗电极头部，用滤纸吸干，浸入被测试液中，用玻璃棒搅匀，在显示屏上读出溶液的 pH，记录（推荐使用电磁搅拌器搅拌，但在读数时溶液必须静止）。

（4）整理

在使用完酸度计后，先关闭电源，再用去离子水洗净电极，将电极套套上。若电极套中的 KCl 饱和溶液不足以浸没电极头部，则应予以补加。在整理好台面并在记录本上登记后方可离开。

六、常用仪器、设备的安全使用

1. 离心机

目前，化学实验室常用的是电动离心机。电动离心机转动速度快，要注意安全，特别要防止在离心机运转期间，因不平衡或吸垫老化，而使离心机边工作边移动，致使从实验台上掉下来，或因盖子未盖，离心管因振动而破裂后，玻璃碎片旋转飞出，造成事故。因此使用离心机时，必须注意以下操作。

① 离心机套管底部要垫棉花。

② 电动离心机如有噪声或机身振动时，应立即切断电源，及时排除故障。

③ 离心管必须对称放入套管中，防止机身振动，若只有一支样品管另外一支要用等量的水代替。

④ 启动离心机时，应盖上离心机顶盖后，方可慢慢启动。

⑤ 分离结束后，先关闭离心机，在离心机停止转动后，方可打开离心机盖，

取出样品，不可用外力强制其停止转动。

⑥ 离心时间一般 1～2 min，在此期间，实验者不准离开去做别的事。

2. 温度计

实验室常用的是水银温度计，使用温度计时要注意以下两点：

① 不允许把温度计当玻璃棒，边测温边搅拌反应溶液。

② 温度计破坏后，一定要将洒落的水银仔细清理干净，方法参见洒落汞的处理。

3. 红外灯、白炽灯

在实验过程中，往往使用红外灯来干燥化学物质，用白炽灯做光敏实验。红外灯、白炽灯应放在离水池远的实验台上。工作时，切勿使溅上冷水，否则灼热的灯泡会发生爆炸。

4. 微波炉

微波辐射加热常用的装置是微波炉。微波炉主要由磁控管、波导、微波腔、方式搅拌器、循环器和转盘六个部分组成。微波炉加热原理是利用磁控管将电能转换成高频电磁波，经波导进入微波腔，进入微波腔内的微波经可旋转搅拌器作用，可均匀分散在各个方向，在微波辐射作用下，微波能量对反应物质的耗散通过偶极分子旋转和离子传导两种机理来实现。极性分子接受微波辐射能量后，通过分子偶极以每秒数十亿次的高速旋转产生热效应，此瞬间变态是在反应物质内部进行的，因此微波炉加热叫作内加热（传统靠热传导和热对流过程的加热叫外加热），内加热具有加热速度快、反应灵敏、受热体系均匀以及高效节能等特点。

微波炉使用注意事项如下：

① 当微波炉操作时，请勿于门缝中置入任何物品，特别是金属物体。

② 不要在炉内烘干布类、纸制品类，因其含有容易引起电弧和着火的杂质。

③ 微波炉工作时，切勿贴近炉门或从门缝观看，以防止微波辐射损坏眼睛。

④ 若欲定的时间短于 4 min 时，则先将计时旋钮转至超过 4 min，再转回到所需要的时间。

⑤ 切勿使用密封的容器于微波炉内，以防容器爆炸。

⑥ 如果炉内着火，请紧闭炉门并按停止键，然后拔下电源。

⑦ 经常清洁炉内，使用温和洗涤液清洁炉门及绝缘孔网，切勿使用腐蚀性清洁剂。

七、火灾的预防和消防措施

1. 火灾的预防

有效的防范才是对待事故最积极的态度。为预防火灾，应切实遵守以下各点：

① 严禁在开口容器或密闭体系中用明火加热有机溶剂。

② 废溶剂严禁倒入污物缸，应倒入回收瓶内再集中处理。燃着的或阴燃的火

柴梗不得乱丢，应放在装有自来水的废液杯中，实验结束后一并投入污物缸。

③ 金属钠严禁与水接触，废钠通常用乙醇销毁。

④ 不得在烘箱内存放、干燥、烘烤有机物。

⑤ 使用氧气钢瓶时，不得让氧气大量逸入室内。在含氧量约 25% 的大气中，物质燃烧所需的温度要比在空气中低得多，且燃烧剧烈，不易扑灭。

2. 安全消防措施

万一不慎失火，切莫惊慌失措，应冷静、沉着处理。只要掌握必要的消防知识，一般可以迅速灭火。

(1) 常用消防器材

化学实验室一般不用水灭火！这是因为水能和一些药品（如钠）发生剧烈反应，用水灭火时会引起更大的火灾，甚至爆炸。并且大多数有机溶剂不溶于水且比水轻，用水灭火时有机溶剂会浮在水上面，反而扩大火场。下面介绍化学实验室必备的几种消防器材。

① 沙箱　将干燥沙子储于容器中备用，灭火时，将沙子撒在着火处。干沙对扑火金属起火特别安全有效。平时经常保持沙箱干燥，切勿将火柴梗、玻璃管、纸屑等杂物随手丢入其中。

② 灭火毯　通常用大块石棉布作为灭火毯，灭火时包盖住火焰即成。近年来已确证石棉有致癌性，故改用玻璃纤维布。沙子和灭火毯经常用来扑灭局部小火，必须妥善安放在固定位置，不得随意挪作他用，使用后必须归还原处。

③ 二氧化碳灭火器　是化学实验室最常使用，也是最安全的一种灭火器。其钢瓶内储有 CO_2 气体。CO_2 无毒害，使用后干净无污染。特别适用于油脂和电器起火，但不能用于扑灭金属着火。

④ 泡沫灭火器　由 $NaHCO_3$ 与 $Al_2(SO_4)_3$ 溶液作用产生 $Al(OH)_3$ 和 CO_2 泡沫，灭火时泡沫把燃烧物质包住，与空气隔绝而灭火。因泡沫能导电，不能用于扑灭电器着火。且灭火后的污染严重，使火场清理工作麻烦，故一般非大火时不用它。

过去常用的四氯化碳灭火器，因其毒性大，灭火时还会产生毒性更大的光气，目前已被淘汰。

⑤ 溴氯二氟甲烷 (bromochloro difluromethane，BCF) 灭火器　这种灭火器材装在天花板上，灭火器有一低熔点合金封口（有各种规格，常用的是 155 ℃）。当室内着火，温度超过了规格，封口熔融便自动喷出 BCF 灭火。BCF 气体有毒，而且与金属反应，故不宜扑灭金属着火引起的火灾。

⑥ 干粉灭火器　桶内装干粉，内有压缩二氧化碳管，使用时用力打击，管破，二氧化碳将干粉喷出，用于扑救金属着火。但大量钾、钠着火，则不宜用。

(2) 灭火方法

一旦失火，应首先采取措施防止火势蔓延，立即熄灭附近所有火源（如煤气灯），切断电源，移开易燃易爆物品。并视火势大小，采取不同的扑灭方法。

① 对在容器（如烧杯、烧瓶、热水漏斗等）中发生的局部小火，可用石棉网、表面皿或木块等盖灭。

② 有机溶剂在桌面或地面上蔓延燃烧时，不得用水冲，可撒上细沙或用灭火毯扑灭。

③ 对钠、钾等金属着火，通常用干燥的细沙覆盖。严禁用水和 CCl_4 灭火器，否则会导致猛烈的爆炸，也不能使用 CO_2 灭火器。

④ 若衣服着火，切勿慌张奔跑，以免风助火势。化纤织物最好立即脱除，一般小火可用湿抹布、灭火毯等包裹使火熄灭。若火势较大，可就近用水龙头浇灭。必要时可就地卧倒打滚，一方面防止火焰烧向头部，另外在地上压住着火处，使其熄火。

⑤ 在反应过程中，若因冲料、渗漏、油浴着火等引起反应体系着火时，情况比较危险，处理不当会加重火势。扑救时必须谨防冷水溅在着火处的玻璃仪器上，必须谨防灭火器材击破玻璃仪器，造成严重的泄漏而扩大火势。有效的扑灭方法是用几层灭火毯包住着火部位，隔绝空气使其熄灭，必要时在灭火毯上撒些细沙。若仍不奏效，必须使用灭火器，从火场的周围逐渐向中心处扑灭。

八、实验室用电安全

① 对实验室使用的电器（如电热板、烘箱、高温炉、电动机、电子分析仪器、整流器等），应定期检查绝缘情况；电线接头不外露；外壳有地线。

② 电器插座应使用三脚插座。电线容量正确，贵重仪器有正确的保险丝。总用电量不能超出总负荷。

③ 电器上各插头有标志。电动机皮带有护罩。

④ 移动电器前，必须先关上所有开关。

⑤ 在桌面使用的电器的电压应在 12V 以下。

⑥ 不要用湿手接触使用的电器、电线和开关。

九、供参考的仪器分析实验项目

玉米须中黄酮和多糖的提取、鉴别和含量测定

黄连中黄连素的提取、表征和应用

液相色谱法分离测定奶茶、可乐中的咖啡因

人参有效成分的分离、鉴定和定量分析

舒肝宁注射液成分分析

鲜花挥发性成分分析

食品中苏丹红含量的测定

土壤中农药残留的测定

蜂蜜中抗生素残留的检测

硝基苯胺异构体中邻硝基苯胺的检测

人工合成冰片中龙脑含量测定

豆蔻中桉精油含量的检定

白酒中邻苯二甲酸酯类增塑剂的检测

低度大曲酒中的杂质分析

大气中甲醛含量的测定

非水电位滴定法测定药物中有机碱的含量

苹果汁中氨基态氮的测定

参 考 文 献

[1]　武汉大学．分析化学：下册．6版．北京：高等教育出版社，2022.

[2]　华东理工大学胡坪，王氢．仪器分析．5版．北京：高等教育出版社，2019.

[3]　薛晓丽，于加平，韩凤波．仪器分析实验．北京：化学工业出版社，2020.

[4]　蔺红桃，柳玉英，王平．仪器分析实验．北京：化学工业出版社，2020.

[5]　苏小东．仪器分析实验．北京：石油工业出版社，2021.

[6]　刘雪静．仪器分析实验．北京：化学工业出版社，2019.

[7]　李志富，颜军，干宁．仪器分析实验．武汉：华中科技大学出版社，2019.

[8]　叶美英．仪器分析实验．北京：化学工业出版社，2017.

[9]　陈怀侠．仪器分析实验．北京：科学出版社，2017.

[10]　张景萍，尚庆坤．仪器分析实验．北京：科学出版社，2017.